Eso no estaba en mi libro
de Historia de la Química

ALEJANDRO NAVARRO

Eso no estaba en mi libro de Historia de la Química

GUADALMAZÁN

Primera edición: abril de 2019

Guadalmazán • Colección Divulgación científica
Director editorial: Antonio Cuesta
Edición de Ana Cabello
Corrección de Rebeca Rueda
www.editorialguadalmazan.com
pedidos@almuzaralibros.com - info@almuzaralibros.com

Imprime: black print
ISBN: 978-84-17547-04-2
Depósito Legal: CO-533-2019
Hecho e impreso en España - *Made and printed in Spain*

A Marisol,
Marta y Alejandro,
y a mis padres.

Índice

Introducción
¡Eso no estaba en mi libro de Historia de la Química!

Todos los que hemos estudiado química un poco en serio recordamos la presencia en los laboratorios de algún compañero friki, de esos que gustan bombardear el campo de fútbol de enfrente con pequeños proyectiles fabricados con crisoles y mechas de magnesio. Pero, para friki, nadie mejor que el bueno de David Charles Hahn, un chaval de Detroit que en la década de los noventa saltó a la fama... ¡por haber intentado poner en marcha un reactor nuclear en el jardín de su casa!

David no era un estudiante modelo, ni mucho menos, pero se sentía fascinado por la física y la química. Además, no tenía malos sentimientos, ya que soñaba con solucionar los problemas energéticos de la especie humana produciendo energía nuclear barata con un equipo doméstico. Para ello, comenzó a cartearse con funcionarios del Gobierno norteamericano que, por increíble que pueda parecer, se creyeron que el intrépido adolescente era un tal «profesor Hahn», que iba en busca de datos para diseñar unos experimentos en clase. Con la información obtenida, a Hahn se le ocurrió que no sería difícil poner en marcha nada menos que un reactor reproductor de fisión de tipo termal, en el que el isótopo de torio[1]-232 absorbe un neutrón, convirtiéndose en torio-233, que a su vez decae por desintegración beta[2], transformándose primero en protactinio-233 y luego en uranio-233, el combustible que vuelve a iniciar el ciclo y que de esta manera sostiene la actividad del reactor.

Provisto de un delantal de plomo de dentista, el joven aprendiz de brujo compró un gran número de mantos de recambio para lámparas de torio (muy utilizadas en la industria), quemándolas con un soplete hasta obtener unas cenizas, que trató a continuación con el litio que sacó de baterías abiertas con unas tenazas. Haciendo reaccionar el litio —un metal alcalino bastante reactivo— con las cenizas, consiguió purificar torio en cantidad suficiente como para envolver el núcleo del pequeño reactor, que construyó con un bloque de plomo perforado. A partir de miras telescópicas, también obtuvo tritio (un isótopo del hidrógeno) con el que fabricar el moderador de neutrones. Ya solo le faltaba el material fisible que originase la reacción, por ejemplo, un poco de uranio-235 para irradiar el torio.

Pero esto era un auténtico problema, de hecho, el mismo que afrontaron durante la Segunda Guerra Mundial los científicos del bando aliado que trabajaban en el célebre Proyecto Manhattan. Porque resulta que el uranio-235 se encuentra en la naturaleza en una proporción tan baja con respecto al uranio-238 habitual, que no queda otra que «enriquecerlo», algo extremadamente difícil y que requiere instalaciones complejas. Primero, David se paseó inútilmente por medio Estado de Michigan con su Pontiac equipado con un contador Geiger. A continuación, adquirió mineral de ura-

1 El torio es un elemento químico radiactivo. De hecho, todos los elementos con más protones que el plomo lo son, no teniendo ningún isótopo que resulte estable.

2 La beta es una de las tres formas de las que se desintegran las sustancias radiactivas, consistente en la emisión de un electrón (partícula beta). Las otras dos son la desintegración alfa y la gamma.

nio de la República Checa e intentó enriquecerlo con métodos rudimentarios. Cuando comprobó que no había nada que hacer, fabricó una ingeniosa «pistola de neutrones», utilizando americio[3] radiactivo que robó de detectores de humo. Sin embargo, la pistola no funcionó.

A pesar de ello, y aunque el reactor se mantuvo siempre muy lejos de la masa crítica (el famoso físico atómico Al Ghiorso estimó que la cantidad de material fisible reunido por el adolescente era un billón de veces inferior a la necesaria para tener éxito irradiando el torio), alcanzó niveles de radiactividad mil veces superiores a las normales. El que fuese bautizado por la prensa como «el *boy scout* radiactivo», se asustó y desmanteló el reactor, justo antes de ser detenido por la Policía durante un incidente casual. Al registrar su Pontiac, los agentes descubrieron los peligrosos materiales y entraron en pánico, desencadenando una «Respuesta de Emergencia Radiológica Federal» que involucró al FBI, a la Comisión Reguladora Nuclear y a la Agencia de Protección Ambiental de los Estados Unidos, que se encargó de limpiar el cobertizo y enterrar los desechos radiactivos.

Aunque el intrépido adolescente se salió de rositas dada su evidente buena voluntad, nunca volvió a disfrutar de un protagonismo como el de aquellos días. En 2007, el bueno de Hahn fue arrestado por intentar robar detectores de humo (qué manía con el americio), aunque su ingreso en prisión fue suspendido para que pudiese recibir tratamiento contra la radiación. En cualquier caso, si alguna vez queréis fabricar un reactor nuclear en el patio de casa, más arriba tenéis la receta. El problema es el material fisible de partida, pero siempre podéis intentar construir primero una gigantesca factoría para su purificación. Y, a ser posible, que no se entere el FBI.

3 El americio es un elemento químico artificial creado en 1944 en la Universidad de Chicago, bombardeando plutonio con neutrones en un reactor nuclear. Todos sus isótopos son radiactivos. Su utilización en los detectores de humo tiene que ver con que la radiación que emite ioniza el aire. Cuando hay un incendio, las partículas de humo inhiben dicha ionización y hacen saltar la alarma.

Portada de *El libro de oro de los experimentos de química* que sirvió de inspiración para Hahn.

La historia del bueno de Hahn y del pequeño estado de alarma que desencadenó, pone de manifiesto la inquietud que a menudo ha mostrado la opinión pública hacia la física o la química, ciencias consideradas tan duras de aprender como potencialmente peligrosas en sus aplicaciones. Lo primero lleva a que el gran público no profundice en el conocimiento de la química por considerarlo complicado y aburrido, mientras que lo segundo ha desembocado en los últimos tiempos en una reciente moda, muy querida en determinados ambientes, de que a la vida moderna le sobra química, por lo que conviene volver a un mundo «más natural». Pero, como veremos en este libro, no hay prácticamente margen alguno para dar marcha atrás porque, aunque la mayor parte de la gente no sea consciente de ello, es imposible entender la civilización moderna, con todas sus comodidades, sin los increíbles regalos que la química nos ha proporcionado a lo largo de los siglos. En efecto, tanto en materia de alimentación y de salud, así como en la construcción, el transporte, o casi cualquier actividad humana en la que podamos llegar a pensar, todo lo que nos rodea está absoluta e irremisiblemente modelado por la química. Y más vale que sea así, si no queremos vernos de nuevo en la Edad de Piedra.

¿En qué momento de la historia podemos decir que el hombre se adentró en la alquimia, esa actividad precursora de la química a la que esta última debe, sin duda ninguna, lo que podríamos llamar su infancia? La opinión generalizada es que el antiguo Egipto, con sus elaborados procedimientos para la fabricación del vidrio y la conservación de los cadáveres, fue el principal lugar del planeta donde se extendieron estas prácticas. Hay algunos especialistas que sugieren, incluso, que los egipcios llegaron mucho más allá, siendo los auténticos fundadores de la química. Así, por ejemplo, durante el V Congreso Internacional de Egiptología celebrado en octubre de 1988 en El Cairo, Joseph Davidovits, un reconocido científico francés especialista en química de geopolímeros, presentó un famoso y polémico trabajo según el cual la llamada Estela del Hambre, un antiguo texto jeroglífico grabado en una roca al norte de Assuan, en Egipto, mostraba el nombre de minerales y productos químicos utilizados por los antiguos egipcios para preparar una especie de cemento que utilizaban en sus construcciones de piedra.

Estela del Hambre en la Isla de Sehel, Egipto.

Davidovits opinaba que para moldear muchos de los enormes bloques de las pirámides, los egipcios disolvían cierto tipo de piedra caliza con otros compuestos de calcio y natrón[4], que al evaporarse formaban una especie de arcilla húmeda con las características del cemento actual. Además de llevar una década experimentando con cierto éxito en su laboratorio con materiales similares, el francés argumentaba en su ponencia que la Estela del Hambre estaba mal traducida, conteniendo evidencias de que los egipcios conocían métodos de procesar los minerales con ciertos compuestos químicos. Descubierta en 1889, la estela de marras fue grabada en época ptolemaica (alrededor del 200 a. C.), pero hace referencia a sucesos supuestamente acaecidos durante el decimoctavo año del reinado del faraón Djoser, hacia 2670 a. C. En ella se narra cómo, afligido por la terrible hambruna que azota el país, Djoser habla con su consejero, el enigmático Imhotep, quien le recomienda restablecer el culto del dios Knhum en la isla Elefantina. El texto, complejo de leer, incluye una descripción de los minerales y piedras preciosas que se podían encontrar en la zona, así como un sueño durante el cual el dios se aparece a Djoser, prometiéndole, entre otras cosas, proporcionarle los materiales necesarios para seguir construyendo y reparando templos.

Para ilustrar la polémica, mostramos a continuación el pasaje donde se detallan los minerales, según la traducción al inglés que hizo Lichtheim en 1973 (los minerales identificados aparecen con su nombre en castellano, mientras que los no identificados están en egipcio, en el original. Recordemos que los egipcios no escribían las vocales):

> «Aprende los nombres de las piedras que se encuentran allí en la frontera: (...) *bhn, mthy, mhtbtb, r'gs, wtsy, prdn, tsy*. Aprende los nombres de las piedras preciosas de las cante-

4 El natrón es una mezcla natural de carbonato de sodio hidratado y bicarbonato, con pequeñas cantidades de otras sales. Fue profusamente utilizado por los egipcios, en particular en el tratamiento de los cadáveres.

ras que están en la región superior: (...) oro, cobre, hierro, lapislázuli, turquesa, *thnt,* jaspe rojo, *k',* *mnw,* esmeralda, *tm-ikr, nsmt, t-mhy, hmgt, ibht, bks-'nh,* maquillaje verde, maquillaje negro, cornalina, *shrt, mm* y ocre (...)».

Davidovits opina que, por ejemplo, *mthy* puede traducirse como «granito muerto» (una forma de granito desagregado), *wtsy* como «piedra que huele a cebolla» (un reactivo químico), *k´* como «piedra que huele a rábano» (otro reactivo), *tm-ikr* como «piedra que huele a ajo» (un tercer reactivo), y que en otras partes del texto la palabra *ari-kat* debe traducirse como «manufacturar», en lugar de «trabajar», que la expresión *rwdt uteshui* significa «piedras agregadas» y que un determinado ideograma debe ser identificado como «producto reactivo».

¡Fascinante!, ¿verdad? Sin embargo, aunque algunos investigadores apoyan las tesis del francés, la mayoría no lo hace, sobre la base de que la composición de los bloques utilizados en las pirámides presenta muchas diferencias con respecto a los materiales hasta ahora fabricados por el equipo de Davidovits, mientras que es perfectamente consistente con la piedra de origen natural. Además, y con respecto a la Estela del Hambre, la mayoría cree que Davidovits fuerza una interpretación muy discutible de los jeroglíficos, valiéndose, entre otras cosas, de la dificultad de identificar muchos de los materiales mencionados en el texto.

En cualquier caso, y aunque los egipcios no hayan alcanzado el nivel del que presume el polémico especialista francés, es seguro que los inicios de la química hunden sus raíces en la noche de los tiempos, en el contexto de aquella civilización fascinante que desarrolló importantes conocimientos prácticos y que, en confluencia con la filosofía griega, terminó por dar a luz esa curiosa mezcla de experimentación y pensamiento mágico que conocemos por alquimia, y que con el correr de los siglos evolucionó hasta convertirse en la química, tal vez la herramienta para el dominio de la naturaleza más poderosa creada por el hombre.

¿Y qué decir de los químicos, los hombres y mujeres que a lo largo de los siglos han sido responsables del crecimiento de tan maravillosa disciplina? La imagen que se tiene de los científicos por parte del resto de la sociedad ha estado siempre un poco estereotipada, llena de imágenes del sabio despistado que, encerrado en su laboratorio, se mueve entre matraces y retortas con cierto aire de friki chalado. Con respecto a esto, es obvio que los químicos son personas normales y corrientes, pero es cierto que algunos relevantes personajes de la historia de la ciencia han sido lo suficientemente excéntricos como para que la imagen se la hayan ganado a pulso. Un ejemplo de esto podría ser sin duda el de Henry Cavendish (1731-1810), quien, probablemente, fue uno de los mejores científicos del siglo XVIII, conocido sobre todo por el descubrimiento del hidrógeno y por su famoso experimento de la balanza de torsión, que le sirvió para medir con gran precisión la densidad de la Tierra.

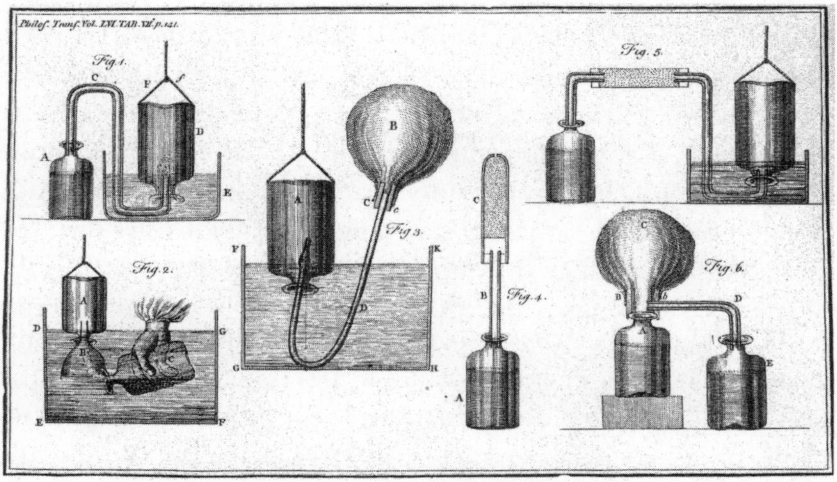

Aparatos de aire ficticio, 1766. Fuente: Wellcome Collection CC BY 4.0.

Cavendish era un genio, pero la otra faceta por la que se ha hecho célebre tiene que ver con su extraña personalidad, caracterizada por una mezcla de excentricismo, timidez y misoginia casi sin parangón en la historia de la ciencia, lo que ha llevado a pensar a muchos que el extraordinario investigador británico era un autista de libro. Era de familia noble, y disponía de grandes recursos económicos que le permitían dedicar su tiempo a la ciencia. Vivía casi solo en una enorme mansión a las afueras de Londres, y, sin embargo, su vida social era prácticamente inexistente. Tenía un terror casi patológico al contacto humano, hasta el punto de entrar y salir por una puerta lateral e instalar una escalera privada por la que no permitía transitar a nadie, con objeto de no tener que encontrarse con ninguno de sus sirvientes cara a cara. Su ama de llaves tenía prohibido verle, recibiendo las instrucciones diarias por escrito. Dueño de una voz de timbre desagradable, evitaba por todos los medios a las mujeres, siendo un misógino irredento que, por supuesto, nunca se casó. En las raras ocasiones en que salía de casa, se vestía con ropas heredadas, la mayor parte pasadas de moda desde hacía casi un siglo.

Las únicas personas con las que Cavendish se sentía algo más cómodo eran otros científicos, pero su relación con ellos también estaba llena de rarezas y excentricidades. Aunque asistía regularmente a las sesiones de la Royal Society, nunca decía nada. Junto con hombres de la talla de Joseph Priestley, James Watt o William Herschel, formó parte de un curioso club denominado Sociedad Lunar de Birmingham, cuyos miembros se tachaban a sí mismos de «lunáticos» y se reunían, como si de licántropos se tratase, únicamente en las noches de luna llena. Y al margen de ello, el excéntrico científico experimentaba con la electricidad casi en secreto, aplicándose corrientes a sí mismo para estudiar cuáles eran sus efectos.

El eminente astrónomo William Herschel nos ha dejado una muestra de primera mano del extraño carácter de Cavendish a través de una anécdota que le contó a su hijo y que se encuentra recogida en el excelente libro de Walter

Gratzer, *Eurekas y Euforias*[5]. En una cena que tuvo lugar en 1786, Herschel estaba sentado al lado de Cavendish. Por aquel entonces, Herschel acababa de descubrir que las estrellas eran redondas, y toda la comunidad científica británica hablaba de ello. Sin embargo, su retraído vecino permaneció callado durante un buen rato, al cabo del cual le dijo repentinamente: «Me han dicho que usted ve las estrellas redondas, doctor Herschel». «Redondas como un botón», fue la respuesta del astrónomo. Siguió un largo silencio hasta que, hacia el final de la cena, Cavendish volvió a abrir sus labios para preguntar, con voz dubitativa: «¿Redondas como un botón?». «Exactamente, redondas como un botón», repitió Herschel, y así terminó toda la conversación.

La extraña personalidad de Cavendish no era una exclusiva suya, ni muchísimo menos, ya que muchos otros grandes exploradores de la química y de la ciencia en general, tales como Mendeleev o Kekulé, eran tipos muy peculiares que además de costumbres excéntricas eran incluso capaces de desarrollar la química en sueños. Ello lleva a algunos a pensar que los químicos son gente muy rara y la química una ciencia muy complicada. Sin embargo, la verdad es muy distinta, y la mayoría de los químicos son personas alegres y equilibradas, como en cualquier otra profesión. En cuanto a conocer esta disciplina, no hace falta ser un experto, ni tan siquiera un licenciado, para poder disfrutar de muchos de sus aspectos más interesantes y sugestivos. De hecho, quizá uno de los mayores defectos de la enseñanza reglada de la química es que rara vez se introducen en ella los relatos y las anécdotas que han jalonado su milenaria historia, y que ayudan a comprender perfectamente su inconmensurable impacto sobre todos los aspectos de nuestra sociedad. Por fortuna, los libros de divulgación están para eso, es decir, para ofrecer a los lectores que no están interesados en los detalles técnicos una visión global, amena y a menudo diver-

5 Gratzer, Walter (2004). *Eurekas y Euforias. Cómo entender la ciencia a través de sus anécdotas.* Crítica, S.L. Barcelona.

tida, de una ciencia prodigiosa que se encuentra detrás de todas las actividades de nuestra existencia.

En este ejemplar, en concreto, encontrará usted pocas fórmulas químicas y ninguna ecuación y, sin embargo, aprenderá cómo a lo largo de la historia hemos utilizado la química para el bien y para el mal; para hacer la guerra, enriquecernos a costa del prójimo o quitárnoslo de en medio envenenándolo, pero también para curarnos, alimentar a una población siempre creciente, o para un sinfín de cosas que hacen nuestra vida más agradable. Y lo hará de la mano de los químicos, pero también de los gobernantes, de los militares o de los embaucadores de toda índole que han protagonizado una de las mayores aventuras en las que se haya embarcado el hombre.

Así que, ya sabe: lo que va a leer en estas páginas no lo encontrará en su libro de Historia de la Química.

Parte I
La química del mal

Ciertamente, la química es quizás la disciplina científica que más ha hecho en todos los aspectos por el bienestar de la humanidad. Sin embargo, a fin de cuentas, la ciencia no es más que un procedimiento que nos permite desarrollar nuestros conocimientos acerca del mundo que nos rodea. Así que, tal y como sucede con cualquier herramienta, puede usarse indistintamente para el bien o para el mal.

Una de las actividades humanas en las que la química ha cruzado más a menudo al lado oscuro es, como no podría ser de otra manera, la guerra. En efecto, a lo largo de la historia gobernantes y militares de todas las naciones han visto las manipulaciones químicas como un medio muy interesante de conseguir alguna ventaja significativa con vistas a derrotar al enemigo o, dicho de otra manera, una forma muy útil de desarrollar nuevas maneras de matarlo o incapacitarlo. En este sentido, ya en la Antigüedad se utilizaban los rudimentarios conocimientos que proporcionaba la alquimia, de carácter eminentemente práctico, para probar sustancias tóxicas o incendiarias, una costumbre que a partir del Renacimiento y la Ilustración no ha hecho más que proliferar. De hecho, muchos de los mayores avances de la química moderna se han llevado a cabo a la sombra de proyectos y programas de carácter militar, sobre todo a partir de la Primera Guerra Mundial. Los químicos, por su parte, siempre han tenido una relación un poco ambigua con las guerras, pues si por un lado suelen estar básicamente interesados en el desarrollo de la ciencia, a menudo no pueden sustraerse del entorno político y cultural en el que viven, pasando en muchos casos a adoptar una postura tan beligerante como la del más ardoroso y fanático de los comandantes.

Por otra parte, la toxicidad y agresividad inherente a muchos productos químicos hace que, incluso en tiempos de paz, los delincuentes utilicen a menudo la química para cometer sus crímenes, fundamentalmente como método para quitarse de en medio a sus víctimas, cuando no simplemente para engañarlas. La historia de la humanidad es en este sentido un compendio de intentos de fraude a cuál más descarado, desde el empleo de la química para falsificar obras de arte hasta la pretensión de hacer pasar casi cualquier cosa por un metal precioso o una sustancia valiosa. En materia de asesinatos, el envenenamiento es uno de los procedimientos más utilizados desde tiempo inmemorial, y algunas de las sustancias empleadas para estos menesteres han protagonizado rocambolescos relatos que han llenado miles de páginas a lo largo de los siglos.

Por último, no podemos olvidar que, al margen de la delincuencia, los intereses económicos egoístas hacen que, más a menudo de lo que parece, se produzcan incidentes en los que una gestión descuidada de sustancias químicas potencialmente peligrosas desemboca en intoxicaciones masivas de graves consecuencias. En estos casos, y a diferencia de lo que sucede en los conflictos armados o en el caso de los delincuentes, no hay necesariamente una mala intención, sino más bien una negligencia o una ocultación de información, con vistas a evitar una mala publicidad o el incurrir en gastos monumentales. Lo que, paradójicamente, puede desembocar en indemnizaciones millonarias para el infractor.

En este capítulo, vamos a examinar una serie de casos en

los que la química ha sido utilizada con consecuencias funestas, ya fuese a propósito o como consecuencia de una mala gestión. Algunos de estos incidentes son bastante desconocidos por el gran público, mientras que otros gozan de fama mundial. Todos son aleccionadores, y nos dan una idea de hasta qué punto es necesario tener cuidado con la química, una formidable herramienta capaz de crear tanto los escenarios más agradables como los más infernales. Así que tomen precauciones: van a encontrarse con químicos psicópatas, asesinos despiadados, falsificadores sin vergüenza y empresarios con muy pocos escrúpulos. En suma, con todo lo que forma parte del lado más oscuro de la humanidad.

La química beligerante

PIONEROS DE LA GUERRA QUÍMICA

Dado su inmenso potencial para la destrucción, los militares siempre se han sentido irresistiblemente atraídos por la química y han hecho todo lo posible por hacerse con los servicios de cualquiera que pudiera estar versado en sus secretos. Así, todos hemos oído hablar del famoso «fuego griego», un fluido inflamable de composición desconocida (probablemente hecho a base de petróleo mezclado con otras sustancias) que los bizantinos del siglo VI comenzaron a utilizar con profusión en las batallas navales, y con el que con el tiempo consiguieron varias victorias resonantes, especialmente durante sendos asedios de Constantinopla por parte de los musulmanes. Hay quien ha llegado a decir, de forma un tanto exagerada, que el fuego griego impidió la conquista de la Europa cristiana desde el este. En cualquier caso, el temible preparado, que se mantenía ardiendo en contacto con el agua, causaba una impresión tan aterradora entre los enemigos que, en tiempos de las cruzadas, su denominación terminó por generalizarse a todo tipo de armas incendiarias.

«Fuego griego», ilustración del *Skylitzes Matritensis.*

Pero, cuando se habla de la asociación de la química con la guerra, casi todo el mundo piensa inmediatamente en el empleo de gases tóxicos, y en concreto en su introducción en los campos de batalla durante la Primera Guerra Mundial. Bien es verdad que esta afirmación debe matizarse pues, por ejemplo, existen pruebas documentales del empleo de este tipo de arma en la antigua China, en una época tan temprana como el primer milenio antes de Cristo. Así, en ciertos asedios se llegaron a quemar bolas confeccionadas con plantas ponzoñosas que se introducían en los refugios construidos por los defensores con el ánimo de asfixiarlos. En el Celeste Imperio se conocían cientos de recetas para producir humos de efectos irritantes, incluidas algunas que contenían arsénico. En Europa, a su vez, las primeras noticias nos llegan de la guerra del Peloponeso (431-404 a. C.), y nos hablan de cómo durante el asedio de una ciudad ateniense, los espartanos prendieron junto a las murallas una mezcla de madera, carbón y azufre con la esperanza de debilitar a los defensores.

Las pruebas arqueológicas más antiguas que se conservan de una intervención con gases tóxicos proceden de Siria, en concreto de Dura-Europos, una antigua ciudad que fue abandonada cuando en el año 256 de nuestra era el Imperio sasánida se la arrebató a los romanos. Durante el asedio, los persas utilizaron en uno de los túneles una mezcla con contenido de azufre que provocó una nube ponzoñosa en la que fallecieron veinte soldados (diecinueve romanos y un sasánida, seguramente el que hizo arder la mezcla) en pocos minutos. Por otra parte, ya en la Edad Media y en la Edad Moderna hay referencias de la utilización de ciertas mezclas que al incendiarse desprendían gases que cegaban al enemigo, y en el siglo XVII se extendió la costumbre de lanzar en los asedios proyectiles incendiarios con sustancias como azufre, grasa, resinas o nitrato potásico, con la intención de chinchar a los defensores tanto como fuese posible.

Sin embargo, los orígenes de la moderna guerra química hay que buscarlos a mediados del siglo XIX, cuando el desarrollo de la ciencia y de la industria dio paso a las primeras propuestas que iban en serio. La persona que ostenta el dudoso honor de haber puesto la primera piedra en el ignominioso camino fue el escocés Lyon Playfair (1818-1898), científico y a la vez secretario del Departamento de Ciencia y Arte de su graciosa majestad, quien en 1854 sugirió el empleo de cianuro de cacodilo durante la guerra de Crimea, con objeto de acabar con el sitio de Sebastopol. Su propuesta fue finalmente rechazada como inhumana, a lo que Playfair contestó, no sin cierta razón, que cuál era la diferencia entre rellenar los proyectiles con gas ponzoñoso o con metal fundido[6]. Nuevas propuestas avivaron el debate, hasta que la creciente preocupación por la posibilidad de emplear este tipo de armas desembocó en el acuerdo al que se llegó en la Conferencia de la Haya en 1899, en el que se prohibía equipar los proyectiles con cualquier tipo de gas asfixiante.

6 «Esta objeción no tiene sentido. Se considera un modo legítimo de hacer la guerra el llenar proyectiles con metal fundido que se esparce entre el enemigo y produce las formas de muerte más espantosas. Por qué se considera como ilegítimo el uso de un vapor venenoso que mata a los hombres sin sufrimiento es incomprensible. La guerra es destrucción, y cuanto más destructiva pueda ser con el menor sufrimiento posible antes terminará este bárbaro método de proteger los derechos nacionales. No hay duda de que con el tiempo la química se utilizará para disminuir el sufrimiento de los combatientes, e incluso de los criminales condenados a muerte».

En honor a la verdad, la preocupación por los tenebrosos efectos de los vapores tóxicos se remontaba nada menos que a 1672, cuando durante el sitio de Groningen el obispo de Münster llegó a utilizar humo de belladona[7] (caramba con el obispo) para aturdir a los defensores. Como consecuencia, tres años después representantes de Francia y del Sacro Romano Imperio firmaron el Acuerdo de Estrasburgo, considerado unánimemente como el primer tratado internacional para la prohibición de armas químicas. Con muchos más suscriptores, su sucesor de La Haya alcanzó un amplio consenso, aunque con la excepción del Gobierno de los Estados Unidos, cuyo delegado justificó el voto negativo de su país con la excusa de que «la inventiva de los americanos en el desarrollo de nuevas armas no debe verse restringida».

Pero como, digan lo que digan, los acuerdos están para incumplirlos, a pesar de la Declaración de la Haya sobre gases asfixiantes de 1899 y de su sucesora, la Convención de La Haya de 1907, las grandes potencias no renunciaron en absoluto a desarrollar gases ponzoñosos con fines militares, aunque fuese a la chita callando. Los primeros en saltarse a la torera los tratados internacionales fueron los franceses, que justificaron la fabricación de granadas de bromoacetato de etilo —un compuesto orgánico— sobre la base de que no se trataba de un gas asfixiante, sino tan solo lacrimógeno. Lo utilizaron en el frente nada más comenzar la Gran Guerra, pero en una cantidad tan pequeña que los alemanes ni siquiera se dieron cuenta. Estos, por su parte, también habían desarrollado gas irritante, pero cuando lo usaron contra los ingleses en octubre de 1914 el resultado fue el mismo que el que obtuvieron los franceses.

El primer irritante utilizado a gran escala durante la guerra fue el bromuro de xililo, que los chicos del káiser les tira-

7 La belladona es un arbusto de la familia de las solanáceas repleto de peligrosos alcaloides como la escopolamina. En la Antigüedad se utilizaba como narcótico y afrodisíaco, y en la Edad Media estaba considerada como una hierba típica de las brujas.

ron a los del zar de todas las Rusias durante la batalla de Bolimov, el 31 de enero de 1915, fecha oficial de nacimiento de la guerra química. Por fortuna, en este caso la lluvia de dieciocho mil obuses cargados con el gas tóxico no produjo ningún efecto, ya que la baja temperatura reinante provocó que la mayor parte del bromuro cayese al suelo, en lugar de formar un aerosol y extenderse. Por desgracia, los malos resultados de los gases irritantes convencieron a los alemanes de que había que echar mano de algo más contundente. Y, lo que es peor, pronto encontraron a la persona adecuada para la tarea.

Fritz Haber, *ca.* 1914.

Una familia (dos adultos y dos niños) yacen muertos en una habitación de su casa como resultado del gas venenoso emitido desde un avión que vuela sobre su cabeza. Litografía *ca.* 1920-29, Crédito: Wellcome Collection, CC BY 4.0.

Paradójicamente, al comienzo de la guerra, Fritz Haber (1868-1934) se había convertido en uno de los mayores benefactores de la humanidad que registra la historia. Junto con Carl Bosch, este judío askenazí nacido en el corazón de Prusia había estado desarrollando durante años un método catalítico para sintetizar amoníaco empleando únicamente hidrógeno y nitrógeno atmosférico, un avance que se encuentra detrás de la explosión demográfica que el mundo ha experimentado a lo largo del siglo XX, de la que luego hablaremos. En efecto, durante milenios, el abono para las cosechas con las que se alimentaba la mayor parte de la especie humana procedía de fuentes naturales, tales como excrementos de animales y, más recientemente, de los depósitos de nitratos que se extendían por países como Chile o ciertas islas del Pacífico. Este suministro era limitado y, por tanto, comparativamente caro, de modo que agricultores y Gobiernos buscaban desesperados una alternativa. Con el proceso de Haber, ahora se disponía de un método relativamente barato de fabricar masivamente los fertilizantes que proveían del rico nitrógeno a los cultivos a lo largo y ancho del planeta, multiplicando la producción de alimentos hasta niveles insospechados[8].

Pero, en el fondo, a Haber los fertilizantes le importaban un pimiento. Desde jovencito había sido un fanático nacionalista con rasgos de sociópata cuyo interés por el nitrógeno tenía que ver mucho más con la fabricación de explosivos. Una vez empezada la contienda, y convencido de que se debía firmemente a la causa germana, se interesó vivamente por las armas químicas y convenció al Gobierno del káiser de que financiase sus investigaciones para el desarrollo de gases letales, cosa que este último aceptó a pesar de que semejante decisión vulneraba flagrantemente los acuerdos de La Haya firmados por Alemania.

8 Las plantas necesitan absorber nitrógeno del suelo para construir sus proteínas, pero el nitrógeno del aire es un gas inerte que no puede fijarse a la tierra como tal. El amoníaco, en cambio, lo hace perfectamente. El empleo de fertilizantes permite a las plantas crecer en terrenos con carencia natural de nitratos, y las cosechas son mucho más abundantes con esta «ayuda del exterior».

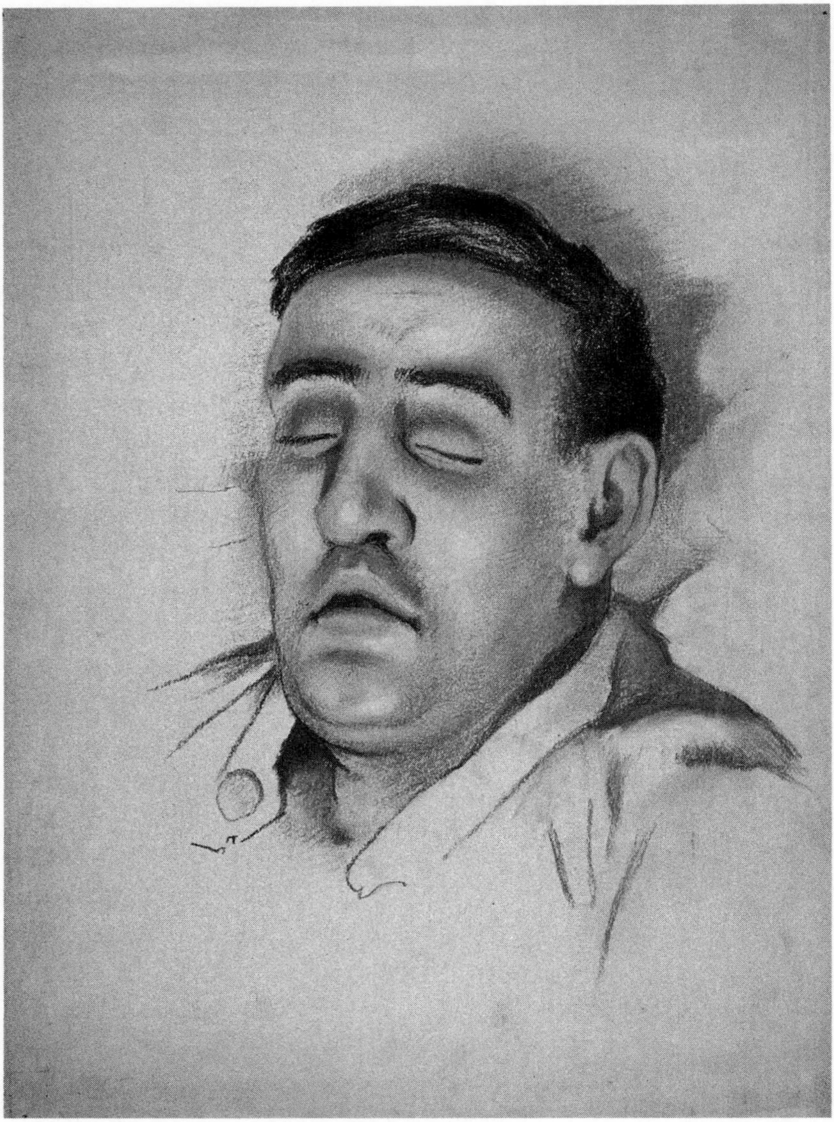

La cara de un soldado que sufre los efectos del envenenamiento por gas de fosgeno durante la Primera Guerra Mundial. Pastel de AK Maxwell, *ca.* 1915. Crédito: Colección Wellcome . CC BY 4.0.

Puesto manos a la obra, Haber reclutó a otras lumbreras[9] y aprovechó el cloro que se obtenía como subproducto de la fabricación de tintes para entregar a los militares un primer agente letal que podía soltarse sobre las posiciones enemigas. Mientras tanto, se puso a desarrollar gases más peligrosos. Y no es que un ataque con cloro fuese una broma, que no lo era, pero sus efectos sobre los soldados aliados durante la segunda batalla de Yprés, entre abril y mayo de 1915, fueron limitados porque las nubes de este gas eran fáciles de identificar por su color verdoso, así como por su penetrante olor, y porque al ser el cloro gaseoso soluble en agua bastaba con ponerse un pañuelo húmedo en la nariz y la boca para reducir el impacto. Con todo, cientos de hombres murieron como consecuencia del gas en aquella batalla. La primera esposa de Haber, Clara, una brillante estudiante que se había convertido en la primera mujer en obtener un doctorado en la Universidad de Breslavia, y cuyo futuro podría haber sido esplendoroso de no haberse casado con su agobiante y machista marido, se pegó un tiro al no poder soportar la visión de sus actividades criminales.

Ante todo esto, los aliados, naturalmente, no se quedaron quietos. Aunque sus Gobiernos han hecho siempre todo lo posible por no darle demasiada publicidad, lo cierto es que respondieron a los alemanes desde el principio con su propia medicina. Ya hemos comentado que los franceses rivalizaban con ellos y, de hecho, empezaron antes con su propio programa de armas químicas. Los ingleses, por su parte, lanzaron a lo largo de la guerra sobre los alemanes grandes cantidades de gases, a menudo con un éxito muy discutible. Pero, en 1915, el equipo del francés Víctor Grignard, otro premio Nobel metido a matarife, desarrolló el fosgeno (oxicloruro de carbono) como una alternativa mucho más peligrosa que el cloro. En contacto con el ambiente húmedo de los pulmones, el fosgeno se descompone formando ácido

9 James Franck, Otto Hahn y Gustav Hertz, todos ellos futuros ganadores del Nobel, llegaron a militar en el equipo de Haber.

clorhídrico, un potente reactivo que destruye las mucosas y lleva a la muerte por *shock* o por asfixia. Se trata además de un gas incoloro, mucho más difícil de detectar que el cloro y, aunque sus efectos tardaban horas en producirse, incapacitaban totalmente al enemigo, aun cuando no lo matasen.

Haber, que en materia de fastidiar al prójimo nunca tenía suficiente, no podía permitir que sus rivales le tomasen la delantera, y rápidamente dio con una forma de mezclar el cloro con el fosgeno para que la cosa tuviese más efecto. Además, estudió la relación entre la concentración del gas y el tiempo de exposición al mismo con vistas a matar más eficientemente a la gente, mientras continuaba preparando simpáticos gases para los militares, el más infame de los cuales fue probablemente el llamado «gas mostaza» (bis(2-cloroetil)sulfano), un agente vesicante cuyo objetivo no era tanto liquidar al enemigo como incapacitarlo para el combate, a pesar de lo cual sus efectos eran espantosos. Se lanzaba dentro de los proyectiles de artillería y se extendía por el suelo en forma de un líquido que se evaporaba lentamente, contaminando el campo de batalla de modo que entorpecía enormemente el movimiento de las tropas.

Pero la historia no se compadeció de Haber. Si bien en 1918 recibió el Premio Nobel de Química por la síntesis del amoníaco, en muchos ambientes se convirtió en un apestado, y aunque una vez acabada la guerra intentó dedicarse a cosas más edificantes —pasó años buscando un método de extraer oro del agua del mar—, el recuerdo de lo sucedido durante la Gran Guerra lo persiguió durante el resto de su vida. Como era judío, en 1933 tuvo que huir de Alemania, el país por el que se había sumergido en el lado oscuro, falleciendo al año siguiente en la soledad más absoluta. Por fortuna para él, no llegó a ver cómo su hijo Hermann se suicidaba en 1946, ni cómo los nazis utilizaban el Zyklon B, una variante letal de un insecticida diseñado por su antiguo equipo, para exterminar a la mayor parte de los judíos de Europa, incluidos varios miembros de su familia.

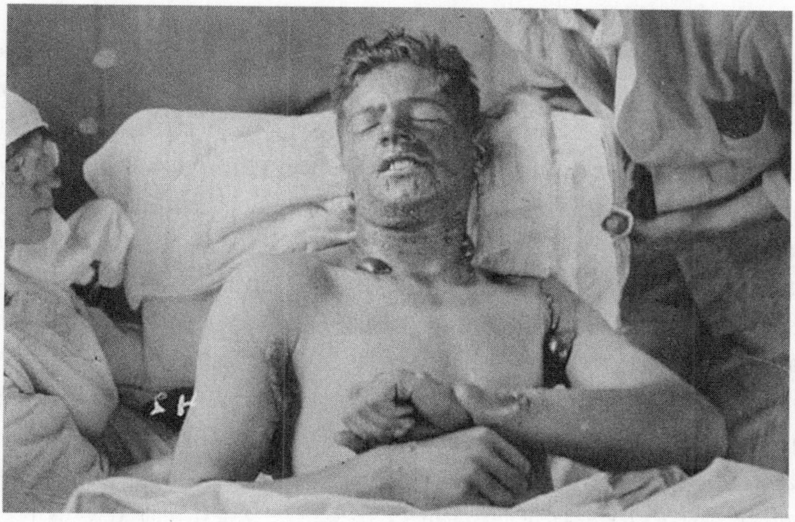

Quemaduras en el rostro de un soldado canadiense causadas por la exposición a gas mostaza. Fotografía de 1916.

Una vez acabada la Gran Guerra, el interés de los militares se desplazó a los insecticidas organofosforados[10], desarrollados en Alemania en los años treinta, que bloquean el metabolismo de la acetilcolina, un neurotransmisor cuya acumulación en exceso provoca el colapso del sistema nervioso de los insectos… y en general, de todos los animales superiores, incluidos los humanos. Algunos organofosforados son de hecho tan terriblemente venenosos que han pasado a denominarse como «agentes nerviosos», convirtiéndose en los protagonistas principales de los arsenales de armas químicas del planeta.

Cuando llegaron al poder, los nazis se dieron cuenta inmediatamente del potencial asesino de las nuevas sustancias, en especial del sarín[11], y dieron orden de acumular enormes

10 La denominación «organofosforado» hace referencia a sustancias orgánicas que contienen enlaces de carbono-fósforo.

11 Metilfosfonofluoridato de O-isopropilo. La voz «sarín» es un acrónimo de los apellidos de los cuatro científicos que lo desarrollaron.

reservas capaces de aniquilar toda la vida sobre el planeta[12]. Como estas sustancias carecían entonces de antídoto (el más conocido para la opinión pública es la atropina), es fácil adivinar que los nazis habrían ganado la Segunda Guerra Mundial con facilidad. Aunque poca gente es consciente de ello, fue el miedo de los alemanes a que los aliados dispusiesen también de los organofosforados —una sospecha equivocada, ya que los aliados apenas habían desarrollado por aquel entonces los gases nerviosos— lo que impidió que los utilizasen, por temor a las represalias.

Curiosamente, la primera ocasión en la que el mundo estuvo cerca de ver en acción a los temibles organofosforados pudo acabar nada menos que con el asesinato de Hitler, quien, como es sabido, hacia el final de la guerra fue objeto de varios atentados. En concreto, el que fuera ministro de Armamento de Alemania durante aquellos años, Albert Speer, cuenta en sus memorias que en 1945 pensó en matar al Führer introduciendo gas nervioso sarín por los respiraderos del búnker subterráneo en el que Hitler residía en Berlín. Parece ser que la operación estuvo a punto de ponerse en marcha, pero según Speer una filtración hizo que los respiraderos del búnker fueran modificados convenientemente, desbaratando la intentona.

Al terminar la guerra, los vencedores confiscaron el tenebroso arsenal de los vencidos, poniéndolo a buen recaudo, y al mismo tiempo comenzaron a desarrollar sus propios gases nerviosos, algunos extremadamente peligrosos, como el temible VX, puesto a punto por los ingleses en 1952, unos pocos gramos del cual son capaces de arrasar poblaciones enteras, matando a sus habitantes en cuestión de segundos entre espantosos espasmos musculares. Por fortuna, desde 1945 ninguna gran potencia se ha planteado en serio el empleo de los gases nerviosos, aunque Gobiernos crimina-

12 Se calcula que ya en 1939 disponían de doce mil toneladas de agentes nerviosos, que pudieron llegar a una cifra cercana a las sesenta y cinco mil a finales de la guerra. Las existencias incluían tabún, sarín y somán.

les como el de Saddam Hussein o el de Bashar al-Asad no han tenido escrúpulos en emplearlos a diestro y siniestro, incluso contra la población civil. De hecho, fue el empleo de estos gases por parte del exdictador iraquí en la década de los ochenta lo que llevó a los Estados Unidos y a Rusia a promover y apoyar la Resolución 687 de las Naciones Unidas, que incluía los agentes nerviosos dentro de la categoría de armas de destrucción masiva. La producción y el almacenamiento de estas sustancias fueron finalmente prohibidos en la Convención sobre Armas Químicas de 1993.

Sin embargo, a la subsistencia de arsenales más o menos secretos repletos de organofosforados se le añade la amenaza de los grupos terroristas de medio planeta, todos ellos francamente interesados en hacerse con un buen suministro de estas simpáticas sustancias, cuyo control es la pesadilla de los servicios secretos de medio planeta debido a que los componentes necesarios para fabricarlos son relativamente sencillos y están disponibles comercialmente. De hecho, el 19 de abril de 1995 unos miembros de la extraña secta japonesa de la Verdad Suprema esparcieron gas sarín por el metro de Tokio durante la hora punta, asesinando a doce personas e intoxicando a unas cinco mil, en lo que ha sido el ataque terrorista con armas químicas más mortífero hasta la fecha.

MONJES, EXPLOSIONES Y LOS ORÍGENES QUÍMICOS DEL ESTADO DE ISRAEL

Pero dejemos los gases tóxicos por ahora, ya que, al margen de ellos, los dos tipos de sustancias químicas que siempre han hecho las delicias de los militares son los explosivos y los aditivos que aumentan la potencia y resistencia de las armas.

La historia del empleo de los primeros para hacer la guerra es tan antigua como la pólvora, esa mezcla de salitre (nitrato potásico), carbón y azufre que inventaron los chinos

Berthold Schwarz, 1584.

y que fue introducida en Europa por los árabes y los bizantinos a principios del siglo XIII. En un principio, la pólvora solamente se usaba para disparar metralla mediante tubos de madera, de un modo parecido al que se utiliza hoy en día para los fuegos artificiales. Entonces, según la tradición alemana, a principios o mediados del siglo XIV Bertoldo el Negro (Bertholdus Niger o Berthold Schwarz), un monje alemán originario de Colonia o Friburgo que practicaba la alquimia, habría experimentado con ella como impelente para armas de mayor calibre y potencia, dando de esta forma el último paso decisivo para el desarrollo de las armas de la artillería. Según esto, Bertoldo habría intentado obtener oro a partir de salitre, azufre, plomo y aceite, pero al no conseguirlo habría sustituido el plomo por carbón vegetal, pasando a experimentar con los explosivos. Lo cierto es que los anales de la ciudad de Gante mencionan el empleo de armas de fuego en Alemania en 1313, mientras que el primer relato fidedigno de su utilización en combate por parte de militares de origen germano procede de un asedio que tuvo lugar en el noreste de Italia en 1331, todo lo cual daría credibilidad a la responsabilidad del monje-alquimista.

Sin embargo, esta supuesta autoría de Bertoldo el Negro no está nada clara, pues cuando se bucea un poco en el tema todo resulta confuso. En primer lugar, los primeros escritos conservados que atribuyen a Bertoldo el descubrimiento y aplicación de la pólvora de forma independiente son ya del siglo XV, es decir, posteriores al menos en varias décadas al supuesto monje alemán, no existiendo ninguna fuente contemporánea al mismo. En segundo lugar, hay muchas discrepancias en las fechas que se han sugerido para el supuesto descubrimiento, y que se extienden a lo largo de casi todo el siglo XIV. Por otra parte, si bien algunos investigadores identifican a Bertoldo con personajes históricos, como Bertold von Lützelstetten o Konstantin Angeleisen (ejecutado en Praga por alquimista en 1388), otros muchos consideran que se trata de un personaje totalmente ficticio. En este sentido, apuntan a que el sobrenombre «el Negro» es una referencia bien al color de su hábito, bien a la pólvora negra o a la práctica de las «artes negras», cuando no un símbolo de la llamada «preparación de las tinieblas», un legendario procedimiento empleado por los alquimistas medievales.

Sea cual sea la verdad, conviene recordar que el empleo de armas de fuego en combate por parte de los andalusíes también está documentado en España desde mediados del siglo XIV, habiendo quien sugiere que hay indicios de su presencia desde finales del siglo anterior[13]. Por tanto, es muy probable que la introducción de la artillería en Europa fuese en realidad cosa de los árabes. De hecho, la crónica de Alfonso XI acerca del sitio de Algeciras, reza así:

> «... tiraban muchas pellas de hierro que las lanzaban con truenos, de los que los cristianos sentían un gran espanto, ya que cualquier miembro del hombre que fuese alcanzado, era cercenado como si lo cortasen con un cuchillo; y como quisiera que el hombre cayera herido moría después, pues no había cirugía alguna que lo pudiera curar, por un lado porque venían ardiendo como fuego, y por otro, porque los polvos con que las lanzaban eran de tal naturaleza que cualquier llaga que hicieran suponía la muerte del hombre...».

En cualquier caso, la pólvora fue un adelanto fundamental para el advenimiento de las armas de fuego, que se apropiaron del campo de batalla en los siglos que siguieron. Sin embargo, y a pesar de las continuas mejoras introducidas en la fórmula, a finales del siglo XIX los ejércitos comenzaron a buscar explosivos más potentes, tales como la inestable nitroglicerina, descubierta en 1847 por el químico italiano Ascanio Sobrero[14], que se convirtió en la mucho más manejable dinamita cuando en 1866 Alfred Nobel, que ade-

---

13 En la defensa de la fortaleza de Niebla, en Huelva.

14 Se dice que Sobrero quedó tan impresionado por la potencia de la nitroglicerina como explosivo que retrasó durante meses el anuncio de

más de ser el fundador de los célebres premios era un gran fabricante de armamento, la mezcló con tierra de diatomeas, dando lugar a la dinamita, un explosivo de alta potencia, versátil y relativamente seguro de transportar y almacenar. La dinamita pronto arrinconó a la pólvora, una de cuyas últimas apariciones estelares como explosivo en combate tuvo lugar dos años antes, durante la llamada batalla del Cráter, cuando en el contexto de la guerra civil norteamericana el ejército de la Unión intentó hacer volar las posiciones confederadas durante el sitio de Petersburg, en Virginia.

En junio de 1864, la situación en el frente estaba bloqueada, con el general Ulysses S. Grant dudando en atacar las fuertes posiciones defensivas del ejército del general Robert E. Lee. Entonces, el teniente coronel Henry Pleasants, un antiguo ingeniero de minas de Pennsylvania, sugirió la construcción de una galería inmediatamente debajo del centro de la línea de defensa enemiga, con el propósito de llenarla con grandes cantidades de pólvora, cuya explosión abriría una brecha que permitiría la toma de la ciudad por parte de los federales. El plan era ingenioso, y a pesar de las dificultades, Pleasant lo llevó a cabo en poco más de un mes sin que los confederados se diesen cuenta. Dentro de la galería se colocaron tres toneladas y media de explosivo, quizá la cantidad más descomunal de toda la historia de los conflictos armados hasta entonces, que finalmente se hicieron detonar, no sin cierto suspense, en la madrugada del 30 de julio.

La explosión fue aterradora, dando lugar a un gigantesco cráter de cincuenta y dos metros de largo por treinta y siete de ancho y nueve de profundidad, que todavía puede verse hoy en día, y causando la muerte inmediata de doscientos setenta y ocho soldados confederados. Con el enemigo paralizado por la sorpresa, parecía que la caída de la ciudad era inminente. Sin embargo, a la postre todo salió mal. Dando muestras de una torpeza increíble, los oficiales federales no

---

las propiedades de la nueva sustancia, y que toda su vida se arrepintió de su descubrimiento.

solo retrasaron el asalto definitivo, sino que enviaron a los soldados… ¡a ocupar el cráter! Una vez recuperados, y ante la visión de miles de soldados federales encerrados dentro del agujero, los confederados contraatacaron, derrotando a los federales y causándoles graves pérdidas. Además, se ensañaron especialmente con aquellos de sus enemigos que eran de color. En palabras de Grant, «fue el incidente más triste del que haya sido testigo en esta guerra», uno que, a pesar de la caída final de Petersburg en manos federales, les costó el puesto a varios comandantes de la Unión.

Dentro de la mina el coronel Pleasants supervisando la llegada del explosivo. Dibujo *ca.* 29-30 de julio 1864.

Pero de todos los explosivos desarrollados por aquella época quizá el que cuenta con una historia más pintoresca sea la cordita, o «pólvora sin humo», una mezcla de nitrocelulosa («algodón pólvora»), nitroglicerina y vaselina que requiere de una pequeña cantidad de acetona (menos de un 1%) como disolvente. Su andadura comenzó en 1845, cuando el químico germano-suizo Cristian Friedrich Schönbein, un tipo al que le debemos que bautizase al ozono y que descubriese la pila de combustible, andaba trasteando en la cocina de su casa con ácido sulfúrico y ácido nítrico. Al derramarse este último sobre la mesa por accidente, Schönbein intentó solucionar el desaguisado secando el mueble con el delantal de su mujer (la historia no registra la cara que pondría la buena señora), que era de algodón. Después puso el delantal sobre la estufa, solo para ver cómo se inflamaba inmediatamente, ya que el algodón que contenía se había transformado en nitrocelulosa.

El sorprendido Schönbein se dio rápidamente cuenta de las posibilidades que ofrecía el nuevo compuesto, pues la pólvora tradicional, utilizada en los campos de batalla durante más de quinientos años, producía un humo mucho más denso, que ensuciaba tanto las armas como la cara y las ropas de los artilleros. La nitrocelulosa, en cambio, parecía mucho más «limpia». Los Ejércitos, sin embargo, tardaron otro medio siglo en incorporarla definitivamente a los arsenales debido a su molesta tendencia a explosionar espontáneamente, no siendo hasta 1891 cuando James Dewar y Frederick Augustus Abel consiguieron hacer una mezcla más estable, que además podía prensarse en forma de cuerdas, por lo que le pusieron el nombre de «cordita».

Así, a principios del siglo XX el Gobierno británico había adoptado ya el nuevo explosivo como propelente estándar para la munición de sus barcos de guerra, y ello a pesar de que la acetona necesaria para preparar la mezcla se obtenía de la madera con un ridículo rendimiento del 1%, lo que dificultaba su producción en masa. Pero, cuando estalló la Primera Guerra Mundial, el suministro de cordita para la

Royal Navy adquirió un carácter estratégico, y la tradicional escasez de acetona pasó a amenazar seriamente el ritmo de producción del explosivo. El almirantazgo optó entonces por la cordita MK.I, una primitiva versión de la mezcla con un alto contenido de nitroglicerina que, por este motivo, era más inestable. Como consecuencia, los depósitos de cordita almacenados en la santabárbara de los barcos de su majestad tenían bastante tendencia a inflamarse, habiendo incluso una teoría que intenta explicar el desastre que sufrieron los cruceros de batalla británicos durante la batalla de Jutlandia[15] por el empleo de esta variedad del explosivo con baja proporción de acetona.

Fue entonces cuando la química vino en ayuda de los atribulados ingleses, de la mano de Jaim Weizmann (1874-1952), un brillante judío originario del Imperio ruso que había emigrado a Occidente y trabajaba en el Departamento de Química Orgánica de la Universidad Victoria de Manchester. Weizmann, todo un pionero de la moderna biotecnología, andaba buscando bacterias que transformasen el butanol en almidón cuando se dio cuenta de que la bacteria *Clostridium acetobutylicum* era capaz de obtener acetona a partir de la miel de caña (melaza) con un rendimiento superior al 10%. El espabilado genio judío, que más tarde sería conocido como el «padre de la fermentación industrial», cedió los derechos de la fabricación de acetona al Gobierno y fue inmediatamente nombrado director científico de los laboratorios del Almirantazgo, donde se dedicó a ahorrarles a los militares ingleses muchos dolores de cabeza.

A partir de entonces, la historia se transforma en leyenda. Según algunos testimonios de la época, incluyendo las memorias de guerra publicadas en 1933 por el que fue primer ministro británico, David Lloyd George, Weizmann, que además de un excelente científico era un sionista convencido y el principal agente del *lobby* judío en Inglaterra, solicitó al

15 Los ingleses perdieron tres de estos navíos frente a solo uno por parte de los alemanes.

agradecido Gobierno británico su apoyo al establecimiento de un «hogar nacional judío» en lo que entonces era todavía territorio perteneciente al Imperio otomano. Con posterioridad, Weizmann desmintió en su autobiografía que las cosas sucediesen de esta manera, pero lo cierto es que, el 2 de noviembre de 1917, el secretario del Foreign Office, Arthur James Balfour, firmaba la célebre declaración que lleva su nombre, la primera en la que una potencia mundial se mostró favorable al derecho del pueblo judío a establecerse en la antigua tierra de Israel. La Declaración Balfour, considerada por muchos como el acta de fundación del moderno Estado hebreo, está detrás de gran parte de la historia de Oriente Medio en el siglo XX y lo que llevamos del XXI.

Weizmann, quien en 1918 había cofundado la Universidad Hebrea de Jerusalén, utilizó la diplomacia durante años para obtener apoyo y financiación en favor de la causa del Estado judío, siendo uno de los principales diseñadores de la estrategia sionista. Finalmente, fue elegido en 1949 como el primer presidente de Israel, cargo que desempeñó hasta el día de su muerte, el 9 de noviembre de 1952.

¿Fue la trascendental Declaración Balfour un regalo del Gobierno británico a Weizmann por los servicios prestados a la causa británica a través de una bacteria? Tal vez nunca lo sepamos a ciencia cierta. Es obvio que en la posición británica influyeron otros condicionantes geopolíticos, pero no es fácil desdeñar la aportación del hombre que permitió a los ingleses mantener el suministro vital de cordita durante los últimos años de la Gran Guerra. Un hombre cuya trayectoria se convirtió en un mito que combina la química, la guerra y los albores de la biotecnología con los orígenes del moderno Estado de Israel.

DEL *WESTERN* DE COLORADO AL AMANECER DE LA ERA ATÓMICA

Pero además de los explosivos, no debemos olvidarnos de los aditivos, en particular del molibdeno, un peculiar elemento químico que protagonizó el que probablemente sea el episodio más surrealista de la íntima relación entre la química y la guerra. Y es que, en la larga historia de los conflictos bélicos, hay muchos casos de anécdotas relacionadas con el empleo repentino de una tecnología de nivel superior, pero posiblemente ninguna sea tan pintoresca como la protagonizada por una oscura mina situada en Bartlett Mountain, no lejos de Leadville, en Colorado, en tiempos de la Primera Guerra Mundial.

Fotografía de un *Dicke Bertha,* literalmente «Berta la Gorda» de alrededor de 1914-1918. Su diseñador, Alfred Krupp le llamó cómo su hija, Bertha. Dadas sus grandes dimensiones, un enorme tuvo de acero de 34 metros de largo y uno de diámetro, se ganó el apelativo de «Gran».

El origen del rocambolesco relato tiene que ver con las dificultades por las que a principios del siglo XX atravesaba la industria militar, debido al aumento del calibre de los cañones. En efecto, a medida que este aumentaba, la cantidad de pólvora requerida para dispararlos era tan grande que el calor que se desprendía era suficiente para dañar paulatinamente la estructura del cañón hasta el punto de hacerlo inutilizable. Los alemanes, en concreto, llegaron a emplear durante la guerra monstruos como el «Gran Berta», un gigantesco artefacto de más de cuarenta toneladas que disparaba enormes obuses de mil kilogramos y en los que el problema del calor se tornaba acuciante.

Agobiados por el asunto, los avispados teutones dieron con una vieja receta francesa, según la cual si añadías molibdeno al acero la resistencia de este al calor aumentaba. La razón es que el molibdeno es un poderoso metal que no se funde a menos de 2600 °C, teniendo además la propiedad de aumentar la cohesión de los átomos de hierro. De este modo, de cara a mejorar el rendimiento y duración de los cañones, la producción de acero al molibdeno resultaba muy conveniente.

Pero el problema es que apenas había molibdeno en Alemania, de modo que los germanos tuvieron que dirigir sus miras hacia el único sitio en el mundo donde entonces se producía en cantidades industriales: Bartlett Mountain. La historia minera de este lugar había comenzado durante el *boom* de la explotación de la plata en 1879 pero, aunque se habían encontrado grandes cantidades de molibdenita (la principal mena del molibdeno), nadie se había propuesto aprovecharlo en serio, dada la casi nula demanda del metal por aquel entonces. Sin embargo, a comienzos de la Gran Guerra las técnicas de extracción habían mejorado mucho, llamando la atención de los alemanes. Estos decidieron crear una sucursal de la compañía Metallgesellschaft en Nueva York, bajo el engañoso nombre de American Metal.

Debido a su neutralidad, el despistado Gobierno norteamericano no puso trabas en un principio a que la sucursal de patriótico nombre enviase a uno de sus ejecutivos a inten-

Soldado estadounidense posando con un proyectil de 42cm en 1918.

tar negociar el suministro de molibdeno, sin reparar en que el directivo, de nombre Max Schott, era en realidad un peligroso agente secreto del káiser que se puso a reclutar sicarios con vistas a apoderarse de toda la producción de la mina de Colorado. A partir de ese momento, en Bartlett Mountain se pudo asistir en vivo a una especie de *western* que incluía pistoleros, extorsiones y emboscadas, a consecuencia del cual el molibdeno era enviado de forma masiva a Alemania sin que los americanos tomasen cartas en el asunto.

Sin embargo, en el frente occidental los franceses y los ingleses terminaron por hacerse con algunas piezas de artillería germanas fabricadas con el excelente acero al molibdeno, con lo que uno puede imaginar su consternación al darse cuenta de que el enemigo les estaba machacando con unos cañones construidos a base de una materia prima que se encontraba en medio del territorio de lo que ya era un supuesto aliado. De este modo, y aunque la historia no ha registrado los gritos e insultos que debieron escucharse en las cancillerías y embajadas desde París hasta Washington, el caso es que los federales tomaron el control de la situación, cerrando las instalaciones de la pintoresca American Metal y acabando para siempre con sus actividades. La Clymax Molybdenum Company, por su parte, reanudó la explotación de molibdenita en 1924, pero la historia nunca volvió a concederle a la célebre mina el protagonismo que había tenido antaño.

Con el tiempo, el molibdeno fue sustituido por el todavía más poderoso tungsteno[16], muy resistente a la tracción y al calor, lo que confiere a los proyectiles de acero recubiertos con este metal la capacidad de atravesar blindajes muy gruesos. Durante la Segunda Guerra Mundial, los dictadores Franco y Salazar aprovecharon su neutralidad y virtual monopolio del potente metal (las principales minas de

16 El tungsteno, o wolframio, tiene la peculiaridad de haber sido un elemento descubierto por dos españoles, los hermanos Juan José y Fausto Elhúyar, quienes lo aislaron por primera vez en 1783.

tungsteno estaban en la península ibérica) para vendérselo por cantidades astronómicas a todas las partes en conflicto, incluyendo a los nazis, que lo pagaban básicamente con el oro que les robaban a los judíos. Al final, las amenazas del Gobierno de Estados Unidos detuvieron el infame comercio, y al terminar la guerra las grandes potencias diversificaron sus fuentes de tungsteno, de manera que pudiesen mantener reservas estratégicas (la de los Estados Unidos es en la actualidad de seis meses) sin sufrir el riesgo de los especuladores. Y es que, tal y como demuestra la historia del molibdeno y del tungsteno, en la guerra no puedes fiarte de nadie, ni de las naciones neutrales, ni tan siquiera de tus aliados...

Por lo demás, no podríamos abandonar este capítulo sin mencionar las armas por excelencia, los ingenios nucleares. Cuando se habla de ellas, hay gente que tiende a verlas más como un producto de la física que de la química, pero lo cierto es que se trata de una de esas áreas de la ciencia en la que ambas disciplinas encajan de tal forma que resulta difícil distinguir la responsabilidad de cada cual. Como es bien sabido, las primeras bombas atómicas fueron desarrolladas durante los años cuarenta del siglo XX, en el contexto de la Segunda Guerra Mundial, utilizando para ello uranio-235 y plutonio, un elemento artificial. Toda la historia de la creación de las armas nucleares y de la competencia entre los alemanes y los aliados por hacerse con ellas es fascinante y ha sido tratada en innumerables libros, pero poca gente conoce el extraordinario papel que jugaron una tía y su sobrino en el advenimiento de la era atómica.

Nacida en Austria, Lise Meitner (1878-1968) fue una auténtica lumbrera que llevaba varias décadas trabajando en Alemania con su colega Otto Hahn cuando tras el *Anschluss* de 1938 se vio obligada a salir corriendo para evitar que los nazis la detuviesen por ser de ascendencia judía. Por suerte, consiguió escapar cruzando la frontera holandesa equipada con un anillo de la madre de Hahn que este le regaló para que pudiese sobornar a los guardias fronterizos, y así llegar hasta Suecia, donde entró a trabajar en un inhóspito laboratorio de un instituto adjunto a la Universidad de Estocolmo. Desde allí se carteaba con Hahn, quien procuraba ponerle al tanto de las investigaciones que había iniciado con ella y que ahora llevaba a cabo junto a Fritz Strassman, y que consistían en bombardear uranio con neutrones para ver lo que pasaba.

En diciembre de aquel año, la brillante fugitiva llevaba meses intrigada por los extraños resultados de los dos alemanes, que creían haber identificado isótopos de radio como consecuencia del bombardeo. Esto era muy raro, porque el átomo de radio tiene cinco protones menos que el de uranio y tanto las predicciones teóricas como los experimentos llevados a cabo hasta la fecha indicaban que en las colisiones de partículas fundamentales con núcleos atómicos solo podían producirse elementos con dos protones menos o bien con uno más. Entonces la exiliada Lise recibió una nueva carta de Hahn en la que este le explicaba que lo que en realidad habían encontrado era bario, un elemento químicamente parecido al radio, pero con la mitad de tamaño del átomo de uranio. Esto ya era el colmo. ¿Podía tratarse de un error? Meitner lo dudaba, porque sus colegas alemanes eran dos químicos excelentes, pero los resultados eran tan extravagantes que el propio Hahn le rogaba a la genial austriaca: «… quizá tú puedas sugerir alguna explicación fantástica. Nosotros nos damos cuenta de que esto no puede producir realmente bario».

A Meitner no se le ocurría nada, pero tenía un sobrino, Otto Robert, de apellido Frisch, que era muy inteligente y también se dedicaba a la física. Robert tenía la costumbre de pasar las navidades con su tía, y aunque estaba a punto de trasladarse a Inglaterra, trabajaba todavía en Copenhague, por lo que no le costó gran cosa visitarla en la pequeña ciudad de Kungälv, donde estaba descansando con unos amigos. Allí la encontró reflexionando sobre la carta de Hahn, y se sintió intrigado de inmediato. Meitner, por su parte, agradeció de veras el poder charlar con alguien que pudiese entender el problema. Un día, caminando por el bosque nevado (Frisch equipado con sus esquíes), los dos familiares se pusieron a

Lise Meitner y Otto Hahn en el laboratorio, 1913. Ella es la única mujer que tiene un elemento en la tabla periódica en su honor, el meitnerio. Fue la primera mujer en Alemania en lograr ser profesora titular de Física en la Universidad de Berlín. A pesar de ser codescubridora de la fisión nuclear, fue su compañero Otto Hahn quien obtuvo el Premio Nobel. Él alegó que su condición de judía habría imposibilitado la publicación del artículo en la Alemania Nazi.

especular sobre el tema hasta que, estimulados el uno por el otro, se les ocurrió la por aquel entonces impensable posibilidad de que un núcleo atómico pudiera partirse. Entonces, se sentaron en un tronco y, por increíble que pueda parecer, calcularon rápidamente que uno de los isótopos del uranio podía ser lo suficientemente inestable como para que su núcleo se rompiese en dos pedazos al recibir el impacto de un neutrón. Lise también calculó la masa de los hipotéticos productos de la rotura, encontrando con asombro que había una diferencia de masa con respecto al átomo original que, de acuerdo con la célebre ecuación de Einstein[17], equivalía a la energía que adquirían los primeros al separarse.

Preso de la excitación que todo científico experimenta cuando presiente que ha descubierto algo verdaderamente extraordinario, Frisch regresó a Copenhague y compartió sus especulaciones con el gran físico Niels Böhr, quien al escucharlo no pudo menos que exclamar: «¡Qué idiotas hemos sido todos! ¡Esto es maravilloso!». Antes de escribir el artículo que los haría célebres tanto a él como, sobre todo, a su tía, Frisch también le preguntó a un biólogo del laboratorio cómo se llamaba el proceso por el que una célula se dividía en dos. A los pocos segundos, el sobrino más listo de Lise Meitner había bautizado el mecanismo descubierto por los dos químicos alemanes con el nombre de «fisión nuclear», cambiando el mundo para siempre, e inaugurando una nueva etapa en la historia de la humanidad.

Las bombas que respondían al procedimiento esclarecido por la portentosa pareja de familiares eran aterradoras, al igual que los ingenios de fusión fabricados no mucho tiempo después y cuyos modernos herederos integran los peligrosos arsenales de las grandes potencias. Sin embargo, aunque la historia del desarrollo del arma nuclear ha llegado a ser muy bien conocida por el gran público, no todos han oído hablar

17 Esta es la célebre expresión $E=mc^2$, que relaciona la energía con la masa y el cuadrado de la velocidad de la luz, y que sin duda se ha convertido en la ecuación más famosa de la historia.

de la ominosa y legendaria bomba de cobalto[18], un dispositivo nunca fabricado, por fortuna para la humanidad. Una bomba íntimamente ligada a la figura de Leó Szilárd.

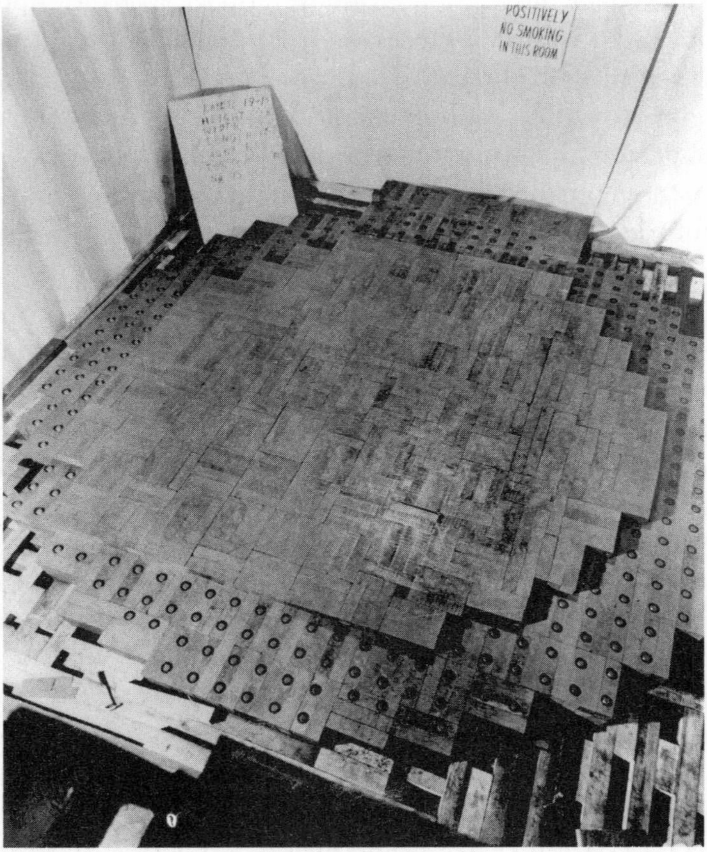

Fotografía realizada durante la construcción del Chicago Pile-1 CP-1, el primer reactor nuclear. Era una pila de gránulos de uranio y bloques de grafito, que contenía una masa crítica de material fisionable.

18 El cobalto es un metal que se utiliza sobre todo en superaleaciones de bajo rendimiento. Al margen de sus isótopos radiactivos, su mayor curiosidad reside en su nombre, que procede del alemán *kobalt*, una voz que se deriva de la palabra empleada para denominar en la Sajonia medieval a los «gnomos» que, según los mineros de la época, embrujaban la mena de cobre de modo que no podía extraerse el metal.

Leó Szilárd (1898-1964) fue uno de esos personajes fabulosos que protagonizaron entre bambalinas algunos de los acontecimientos más importantes de la primera mitad del siglo XX. Nacido en Budapest, una de las joyas de la corona del Imperio austrohúngaro, se dice que durante toda su vida fue capaz de anticipar los grandes eventos históricos. Así, cuenta la leyenda que predijo tanto el comienzo de la Primera Guerra Mundial como el advenimiento del partido nazi y el estallido de la Segunda, un conflicto en el que desempeñó un papel tan crucial como el que llevó a cabo en el amanecer de la era atómica.

Szilárd, un tipo bastante excéntrico que se pasó casi toda su existencia residiendo en habitaciones de hotel, fue posiblemente el primer científico que se planteó en serio la posibilidad de construir una bomba atómica, al parecer ideando la reacción nuclear en cadena mientras paseaba por un barrio de Londres, el lugar al que se había exiliado en 1933 huyendo del Gobierno de Hitler. Unos años más tarde emigró a los Estados Unidos y se hizo famoso al conseguir convencer al pacífico Albert Einstein para que enviase una carta al presidente Roosevelt alertándole del peligro de que la Alemania nazi se hiciese con las armas nucleares, algo que constituyó el acta de fundación del célebre proyecto Manhattan. Una vez en Chicago, el inquieto y genial húngaro se unió al equipo que, liderado por Enrico Fermi, consiguió en diciembre de 1942 llevar a cabo la primera reacción en cadena realmente sostenida de la historia, en un reactor alimentado con una mezcla de uranio y óxido de uranio que utilizaba grafito como moderador de neutrones.

Pero una vez construida la bomba, Szilárd nunca creyó que llegase a ser utilizada, pues tal era el horror que le producía. Pensaba que los aliados la utilizarían únicamente como elemento de disuasión para forzar a las potencias del Eje a rendirse. Por eso, nunca perdonó a los militares ni al presidente Truman la decisión de lanzarla sobre los japoneses en Hiroshima y Nagasaki, a pesar de sus fuertes alegatos en contra. Amargado, el hombre que poseía junto a Fermi la patente del reactor nuclear decidió pasarse a la biología

El Dr. Leo Szilard (derecha) y el Dr. Norman Hilberry posan al lado del lugar donde se construyó el primer reactor nuclear del mundo durante la Segunda Guerra Mundial. Ambos trabajaron con el Dr. Enrico Fermi para lograr la primera reacción en cadena autosuficiente en el campo de la energía nuclear, el 2 de diciembre de 1942, en Stagg Field, Universidad de Chicago. La placa dice: «El 2 de diciembre de 1942. El hombre logró aquí la primera reacción de cadena de auto-sustentación y por eso se iniciaron la liberación controlada de energía nuclear».

molecular y, ya convertido en un acérrimo adversario de las armas nucleares, en 1950 especuló durante un programa de radio con la posibilidad de que un arsenal de bombas atómicas recubiertas de cobalto pudiese llegar a exterminar por completo a la raza humana.

Sucede que una variedad radiactiva sintética de dicho elemento, el isótopo cobalto-60, tiene una vida media de más de cinco años y en su desintegración emite dos rayos gamma de extrema intensidad, de modo que un solo gramo de esta sustancia es capaz de aniquilar a su alrededor a todo bicho viviente. Las armas atómicas en funcionamiento son terriblemente destructivas, pero los efectos de su radiación son de corto plazo, por lo que el área donde han explotado se vuelve segura en relativamente poco tiempo. Sin embargo, unas armas recubiertas con una capa de cobalto-59 metálico liberarían al detonar cobalto-60 como consecuencia del bombardeo de neutrones, y este, al tener una vida media de 5,27 años, contaminaría peligrosamente el ambiente durante décadas.

Szilárd solo intentaba avisar de que la tecnología nuclear podría llegar a un punto de no retorno, pero, para su consternación, el Gobierno norteamericano se tomó su charla en serio y llegó a experimentar con este tipo de malévolas «bombas sucias». En una ocasión, se calculó que unas quinientas toneladas de cobalto radiactivo serían suficientes para esterilizar toda la vida sobre el planeta. Szilárd falleció en 1962 angustiado ante la perspectiva de una guerra nuclear de proporciones apocalípticas pero, por fortuna, en esta ocasión su predicción no se cumplió. De momento, las bombas de cobalto solo han aparecido en obras de ficción, incluyendo la famosa película de 1964 *¿Teléfono rojo? Volamos hacia Moscú* (*Dr. Strangelove*, en la versión original), en la que supuestamente los rusos han desarrollado un dispositivo de represalia denominado «la máquina del juicio final». Por suerte para nuestra especie, nunca se ha fabricado un arma nuclear con el mortífero isótopo, y es probable que la sensatez de los gobernantes impida que se fabrique jamás.

Así que, al menos de momento, hemos optado por otro tipo de «bomba de cobalto», esa que llevamos décadas utilizando para machacar el cáncer desde las unidades de radioterapia de los hospitales. Sin duda un alivio póstumo para el bueno de Slizárd, el oscuro héroe de la era atómica que se convirtió en un apóstata de su propia creación.

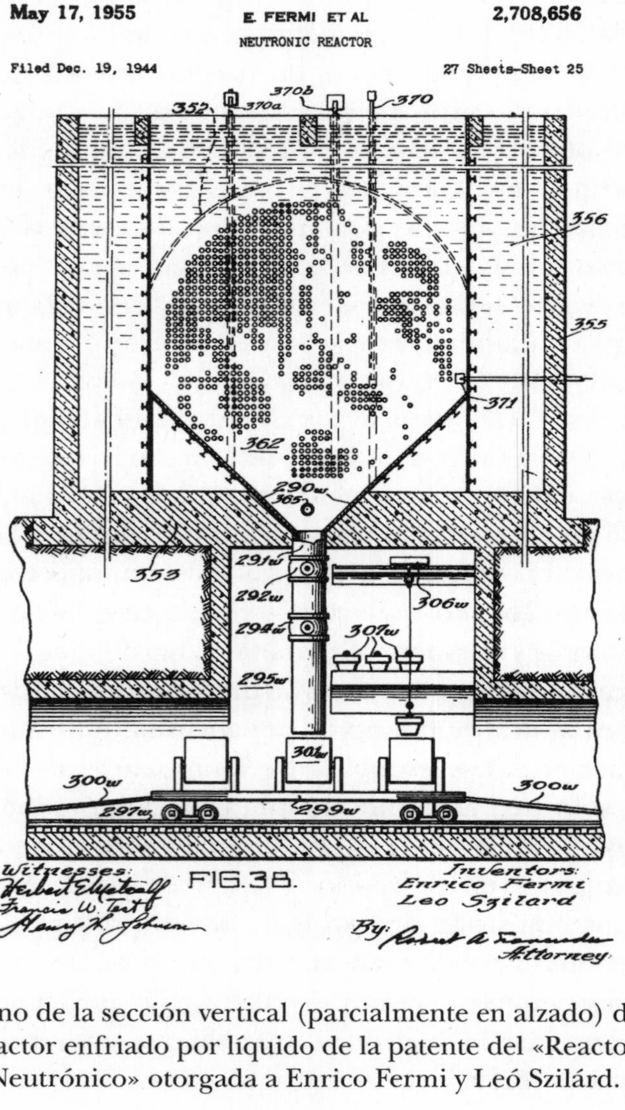

Plano de la sección vertical (parcialmente en alzado) del reactor enfriado por líquido de la patente del «Reactor Neutrónico» otorgada a Enrico Fermi y Leó Szilárd.

La química que te engaña

ARTE DE PEGA Y RECETAS PARA FABRICAR ORO (Y RATONES)

Han Van Meegeren (1889-1947) siempre se sintió incomprendido por sus padres. Él quería ser artista y su padre no lo apoyaba. Sin embargo, en la escuela conoció a un profesor que también era pintor, que le mostró las maravillosas obras de Johannes Vermeer, y que le habló de los hermosos colores que utilizaban aquellos artistas de la llamada Edad de Oro neerlandesa. Quizá por eso, el joven Han desarrolló cierta animadversión por el impresionismo que dominaba la escena artística a principios del siglo XX. Era bueno en arquitectura, dibujo y pintura, y tras casarse consiguió un trabajo de profesor de dibujo. Para completar sus ingresos, dibujaba carteles e ilustraciones, y pintaba bellos retratos que impresionaban por su parecido con las técnicas de los viejos maestros. Quizás por capricho, e influido por las actividades de otros falsificadores, el bueno de Meegeren empezó también a pintar imitaciones.

Pero hacia 1928, tras separarse y volverse a casar, se encontró con la oposición creciente de la crítica, que lo consideraba falto de originalidad, en un tiempo en el que el cubismo y el surrealismo campaban a sus anchas. Entonces, Han se enfadó y decidió demostrar al mundo que él no solo los imitaba, sino que podía pintar mejor que Vermeer y compañía. Así, en 1932 comenzó a prepararse para la falsificación perfecta. Compró lienzos auténticos del siglo XVII y, utilizando materiales como el lapislázuli (silicato de alúmina, cal y sosa, de color azul intenso), el albayalde (carbonato de plomo, blanco) o el cinabrio (sulfuro de mercurio, de tono rojo oscuro), preparó sus colores mediante las antiguas fórmulas que había estudiado. Usaba pinceles similares a los de los maestros holandeses y, una vez terminadas, calentaba las pinturas al horno y las sometía a tratamientos químicos que las envejecían. Después las enrollaba para aumentar las grietas y las bañaba en tinta china.

Tras varios años perfeccionando sus métodos, el intrépido falsificador se lanzó a conquistar el mercado. Sus trabajos incluían imitaciones perfectas de los mejores maestros clásicos flamencos, tales como Vermeer, Frans Hals, Pieter de Hooch y Gerard ter Borch. En 1936, pintó *Los discípulos de Emaus*, consiguiendo que un famoso experto de arte lo aceptase como un original perdido de Vermeer. A continuación, el cuadro fue vendido a la Rembrandt Society por el equivalente a varios millones de dólares de hoy, y llegó a ser orgullosamente exhibido en varias exposiciones.

Con el dinero recaudado, Han se compró una mansión cerca de Niza, pero al comenzar la Segunda Guerra Mundial regresó a Holanda, donde amasó una inmensa fortuna con sus maravillosas falsificaciones. En 1942, y a pesar de haber entrado en decadencia a causa de sus adicciones, le colocó un Vermeer falsificado a un comerciante de arte quien, a su vez, se lo vendió a uno de los jerarcas nazis, el megalómano y todopoderoso Hermann Göring. Este lo ocultó, junto con muchas otras obras de arte robadas por él y por sus colegas, en una vieja mina de sal, lo que, a la postre, resultó ser fatal para el viejo estafador. Cuando al final de la guerra los aliados se incautaron del tesoro expoliado, siguieron la pista del Vermeer y detuvieron a Han, acusándolo de colaboracionista y saqueador de la propiedad cultural holandesa, algo que podía llevarlo a la horca. Ante semejante panorama, a Van Meegeren no le quedó otra que confesar. Al principio no le creyeron, pero cuando pidió que le llevaran a la celda un lienzo y comenzó a duplicar el cuadro de Vermeer titulado *Jesús entre los doctores*, sus captores cambiaron de opinión. Durante el juicio, los expertos fueron capaces de encontrar en las pinturas restos de algunos agentes químicos que no existían trescientos años atrás, notablemente la resina de formaldehído, con lo que consiguieron demostrar el engaño. El gran estafador fue condenado a un año de prisión, aunque falleció de un infarto a finales de 1947, por lo que nunca llegó a cumplir la condena.

Tan impresionantes eran las falsificaciones de Van Meegeren, que durante décadas ha existido cierta polémica acerca de si algunas no serían en realidad auténticas obras de Vermeer. El que sin duda llegó a ser el mejor falsificador de todo el siglo XX, obligó a los expertos del mundo del arte a echarse en brazos de los químicos con objeto de poder discriminar la autenticidad de las pinturas, marcando un antes y un después de las obras de este gran embaucador, que convirtió la imitación en un arte y condujo a la química a un papel protagonista en la peritación. A los expertos, la lección les sirvió para comprobar que cerca del 40% de las pinturas que circulan por el mundo son falsas. A él, sin embargo, le quedó un consuelo. Después de todo, había demostrado que pintaba tan bien como el legendario Vermeer.[19]

19 A fecha de hoy, los cuadros de Van Meegelen que se encuentran en el Rijksmuseum de Ámsterdam reciben tantas visitas como los auténticos.

Van Meegeren fue amenazado por las autoridades con una larga pena de prisión como presunto colaborador nazi y saqueador de bienes culturales holandeses. Frente a estas opciones sombrías, y después de pasar tres días en la cárcel, confesó haber falsificado pinturas atribuidas a Vermeer y Pieter de Hooch. Exclamó: «La pintura en las manos de Göring no es, como supones, un Vermeer de Delft, ¡sino un Van Meegeren! ¡Pinté el cuadro!». Para probar esto, se ofreció a pintar un nuevo Vermeer falso, recluido temporalmente en una tienda de arte de Ámsterdam, que la Autoridad Militar utiliza en ese momento y donde pinta a *Jesús entre los doctores* (detrás del pintor).

La historia de Van Meegeren es un ejemplo de cómo la química ha venido siendo utilizada a lo largo de la historia para el fraude, el engaño y la superchería pues, dada la falta generalizada de conocimientos entre el gran público, siempre ha resultado bastante fácil darle a la gente gato por liebre. Así, ya fuese en el mundo del arte, en el de la salud o en el del comercio, individuos espabilados con buen manejo de la química han intentado desde siempre hacer su agosto a costa de tomarle el pelo al prójimo. En el caso del comercio, en concreto, y dado el enorme valor que tradicionalmente se les ha atribuido a los llamados «metales preciosos» (el oro y la plata, fundamentalmente[20]), la actividad de los estafadores a lo largo de la historia se ha dirigido mayoritariamente a vender a los incautos objetos sin valor como si fuesen un auténtico tesoro.

Quizá por ello, la falsificación del oro y de la plata es una práctica tan antigua que se pierde en la noche de los tiempos, pudiendo encontrarse muestras de ella en lugares tan alejados de nuestra época como el antiguo Egipto o Mesopotamia. De hecho, y tal y como es sabido, es probable que la palabra *química* proceda originariamente de *kmt*, que, según Plinio y otras fuentes clásicas, es el nombre que los antiguos egipcios daban a su propio país, y que hace referencia a la «tierra negra», es decir, al limo fértil y de color oscuro que el Nilo regala a los mortales después de su crecida anual. La química sería, por tanto, «la ciencia de Egipto», y ello es así porque, tal y como ya hemos visto, la tradición griega señala al país de los faraones como el lugar de origen de las prácticas alquímicas, con sus procedimientos para embalsamar a los cadáveres, fabricar vidrio y tintes o manipular los metales.

Con respecto a esto último, los griegos estaban fascinados con los misteriosos textos egipcios que parecían aludir a la transformación de metales inferiores en oro, textos cuya influencia se encuentra sin duda detrás de la expansión que experimentó la alquimia en la zona del Mediterráneo oriental a partir del siglo II a. C. Como ejemplo de ello, y aunque casi no se conservan documentos egipcios sobre manipulaciones alquímicas, los papiros llamados «de Leyden» y «de Estocolmo», probablemente escritos en el siglo II o III de nuestra era, contienen curiosas fórmulas para cometer fraudes que confirman la existencia en aquella época de considerables conocimientos químicos de naturaleza práctica y de origen tan incierto como posiblemente remoto.

---

20 Además del oro y la plata, el platino, el paladio y el rodio también están encuadrados dentro de esta categoría.

En concreto, merece la pena echar un vistazo al siguiente procedimiento para «aumentar el oro» (*sic*) que se describe en el Papiro X de Leyden, siguiendo la traducción que el químico Marcellin Berthelot expuso en su obra *Les origines de L'alchimie* publicada en 1885:

> «Para aumentar el oro, toma cadmia de Tracia, haz una mezcla con la cadmia en mendrugos, o cadmia de Gaul, junto con misy y rojo sinopia, a partes iguales a la del oro. Cuando el oro ha sido puesto en el horno y ha tomado buen color, echa estos ingredientes. Luego remueve el oro y déjalo enfriar. El oro se habrá duplicado».

En cristiano, esto significa mezclar el oro con un óxido de cinc con impurezas procedente de la fundición de cobre o de bronce (cadmia), una pirita (misy) y hematita (rojo sinopia). Por efecto del calor, esto da una aleación de oro y cinc con algunas impurezas, fundamentalmente algo de cobre, obviamente de peso mucho mayor que el oro original («duplicado») y con un aspecto muy similar al auténtico metal noble...

Visto lo visto, ¡cualquiera compraba oro en una tienda de Alejandría en el siglo tercero! No es de extrañar que, en el año 290, el muy crédulo emperador Diocleciano promulgase un decreto que ordenaba quemar «los antiguos escritos de los egipcios que tratan sobre el arte de fabricar oro y plata», por si acaso alguien desequilibraba la economía del imperio... o se hacía lo suficientemente rico como para desafiar el poder del emperador.

Lo cierto es que este tipo de recetas, que incluían «rebajar» el oro con plata o utilizar amalgamas de mercurio, eran tremendamente eficaces a la hora de embaucar al prójimo. A veces, bastaba con recubrir una pieza de metal vulgar con un baño de plata para perpetrar el fraude. Incluso el latón, convenientemente bruñido, era capaz de engañar al más pintado. Y en la famosa anécdota de Arquímedes en la bañera (que probablemente no sea del todo cierta), el dictador de

Siracusa, Herón, le había encomendado al genio la misión de comprobar si una corona de su propiedad era realmente de oro puro, lo que demuestra la poca confianza que los orfebres les merecían a los gobernantes de la época.

El que los alquimistas, con sus oscuras manipulaciones, fuesen capaces de transformar metales «viles» como el plomo, en oro, fue una creencia generalizada a lo largo de toda la Edad Media y el Renacimiento, lo que dio lugar a que innumerables charlatanes se pusiesen las botas, incluso entre la realeza. Hay que tener en cuenta que, en muchos casos, los gobernantes estaban tan ávidos de riquezas que pudiesen financiar sus siempre costosas empresas, que no dudaban en contratar los servicios de quien se dijese versado en alquimia. Hasta el mismísimo Felipe II se interesó por el tema y, por lo que sabemos, parece ser que al menos en dos ocasiones financió ensayos de supuestos alquimistas que aseguraban ser capaces de transformar metales vulgares en plata. Sin embargo, estos y otros muchos embaucadores intentaban simplemente dar aspecto de plata a metales como el plomo o el estaño, casi siempre mezclándolos con mercurio en amalgama. Esto los hacía parecer plateados, aunque una vez sometidos al fuego era muy fácil descubrir el engaño, ya que el mercurio se separaba.

A decir verdad, y en descargo del todopoderoso rey, la alquimia renacentista tenía tal aureola que incluso las mentes más avanzadas de la época caían en la credulidad y el misticismo. Uno de los casos más paradigmáticos de esto fue el del flamenco Jan Baptist Van Helmont, quien, nacido en 1580, fue una de las figuras más extraordinarias de las décadas que precedieron al advenimiento de la Revolución científica. Químico, fisiólogo y médico, es considerado como uno de los padres fundadores de la «química neumática», no en vano fue el primero en utilizar la palabra *gas* (del griego Χάος- «caos»). Aunque era médico de formación y practicó dicha disciplina durante mucho tiempo, su verdadera pasión era la química, a la cual pudo dedicarse por completo tras jubilarse a temprana edad, gracias al hecho de que tanto sus

Van Helmont y su hijo Franciscus-Mercurius.
Crédito: Wellcome Collection. CC BY 4.0.

padres como su esposa eran de noble linaje y su posición era, por tanto, acomodada. Combinando sus conocimientos de medicina y fisiología con las ideas de Paracelso, aplicó los principios de la química a la investigación de procesos como la respiración o la digestión, llegando a intuir incluso el concepto de «enzima», razón por la cual también se le tiene por el gran precursor de los bioquímicos.

Algunos de los experimentos de Van Helmont fueron muy avanzados para la época. A partir de la observación de la combustión del carbón vegetal y de la fermentación del vino fue capaz de identificar lo que él llamó el «gas sylvestre», que no era otro que el dióxido de carbono, uno de los compuestos más importantes de la naturaleza. Se cree que el gran estudioso nacido en Bruselas era consciente de las grandes cantidades de gas que se desprenden al quemar la materia orgánica, aunque no llegó a darse cuenta de todas las implicaciones que eso tenía. De hecho, como consecuencia de uno de sus experimentos más famosos, consistente en cultivar un sauce llorón durante cinco años suministrándole únicamente agua, llegó a la errónea conclusión de que el árbol había ganado toda su masa gracias al líquido elemento, sin percatarse del papel que jugaba el gas que había descubierto.

Sin embargo, al igual que sucedía con otros investigadores de su época, el pensamiento de Van Helmont era en realidad una desconcertante mezcla de ciencia con misticismo y magia, una especie de vía de transición entre la vieja tradición de supersticiones medievales y la nueva filosofía natural de carácter experimental y positiva. De hecho, parte de la razón de que se equivocase en el experimento del árbol tuvo que ver con su adhesión a cierta versión de la trasnochada teoría de los cuatro elementos de Aristóteles, según la cual el agua siempre jugaba un papel primordial. Incluso para algunos ilustres contemporáneos, como el célebre químico Robert Boyle, Van Helmont combinaba de manera irritante un gran número de descubrimientos relevantes con toda una sarta de tonterías. Por ejemplo, en sus escritos a menudo divagaba sobre oscuros conceptos metafísicos de naturaleza religiosa que después aplicaba a la cosmología. También era un profundo creyente de la naturaleza real de la piedra filosofal, herencia de los alquimistas que la habían puesto de moda durante el Renacimiento, así como en otras ideas aún más extrañas. Una de las más extravagantes era su convicción de que aplicar un ungüento a un cañón... ¡ayudaba a curar las heridas que producía!

Pero, adepto como era de la antiquísima teoría de la generación espontánea, que hundía sus raíces más allá de los tiempos de la Grecia clásica, y según la cual los seres vivos podían surgir espontáneamente de lugares tales como las charcas o el barro, quizá la perla más pintoresca que nos haya legado el genio de Flandes es una delirante receta para producir ratones a partir de unos granos de trigo mezclados con ropa sucia. En muchos sitios de Internet pueden encontrarse referencias simplificadas al curioso texto de Van Helmont, pero la traducción completa más difundida del original reza así (Van Helmont, *Ortus Medicinae*, p. 92, 1667):

> «... Las criaturas tales como los piojos, garrapatas, pulgas y gusanos son nuestros miserables huéspedes y vecinos, pero nacen de nuestras entrañas y excrementos. Porque si colocamos ropa interior llena de sudor, con trigo, en un recipiente de boca ancha, al cabo de veintiún días el olor cambia y el fermento, surgiendo de la ropa interior y penetrando a través de las cáscaras de trigo, transforma el trigo en ratones; pero lo que es más notable aún es que se forman ratones de ambos sexos, y que estos se pueden cruzar con ratones que hayan nacido de manera normal... Pero lo que es verdaderamente increíble es que los ratones que han surgido del trigo y la ropa íntima sudada no son pequeñitos ni deformes, ni defectuosos, sino que son adultos perfectos...».

Por qué al bueno de Van Helmont no se le ocurrió que los ratones no salieron del recipiente, sino que entraron en él desde fuera, dice mucho de la peculiar forma de pensar del por otra parte gran pionero de la bioquímica moderna.

MODAS RADIACTIVAS, MEDALLAS VIAJERAS Y MUCHOS SABOTAJES

Van Helmont no era perfecto, pero estaba lejos de ser un embaucador, algo que no podía decirse de muchos de los alquimistas de la época, que seguían especulando, muchas veces de forma maliciosa, con el espinoso asunto de la transmutación. Sin embargo, con el advenimiento del papel moneda, la labor de los engañabobos se fue trasladando paulatinamente de los metales preciosos al papel y a la tinta, cosas que *a priori* resultaban bastante más fáciles de falsear. Los Gobiernos, por su parte, intentaron reducir el impacto del fraude introduciendo elementos como filigranas[21] o tintas especiales, que dificultaban la labor de los embaucadores y hacían más fácil el detectar los billetes falsos.

Paradójicamente, sin embargo, las falsificaciones de moneda más importantes de la historia fueron perpetradas por naciones en guerra, con vistas a desmoronar la economía del enemigo. Gran Bretaña, por ejemplo, utilizó esta técnica durante la guerra de la Independencia de Estados Unidos, y el Gobierno de la Unión de este último país hizo lo propio durante la guerra civil, dándose el caso de que los billetes confederados falsificados eran de mejor calidad que los auténticos. En 1925, el estafador portugués Artur Virgílio Alves dos Reis fue responsable, a través de una compleja trama mediante la que consiguió engañar a los impresores de papel moneda británicos Waterlow and Sons, de la célebre «crisis de los billetes del Banco de Portugal», en la que llegaron a falsificarse escudos por un valor nominal equivalente al 0,88% del PIB portugués. Y al año siguiente se descubrió un gran intento de fraude por parte del Gobierno de Hungría, que pretendía inundar el mercado de moneda falsa para vengarse de su homólogo

21 La filigrana, o marca de agua, es una imagen formada por diferencias de espesor en un papel.

francés, al cual responsabilizaba directamente de las pérdidas territoriales sufridas como consecuencia de la Gran Guerra.

Pero quizá el caso de fraude monetario más famoso de la historia haya sido la Operación Bernhard, ideada en un principio por el Gobierno alemán para hundir la economía británica, pero que en su versión definitiva fue utilizado para financiar las operaciones del régimen nazi. En el transcurso del conflicto, el equipo del mayor de las SS Bernhard Krüger, integrado por expertos judíos sacados de los campos de concentración a los que se trataba de forma más benevolente que a los demás, llegó a producir billetes falsos por valor de entre ciento treinta y trescientos millones de libras. Las falsificaciones rozaban la perfección, ya que los alemanes habían conseguido previamente imitar el papel utilizado por los ingleses, quienes no le añadían celulosa[22]. El tratamiento alemán daba lugar a un papel prácticamente idéntico al británico, pero de color más apagado bajo las lámparas de luz ultravioleta. Los alemanes descubrieron que el efecto se debía a la composición ligeramente diferente del agua y la tinta que usaban sus enemigos, y se esforzaron por duplicarla exactamente, hasta que tanto el papel como la tinta fueron indistinguibles. Al terminar la guerra, la mayor parte del dinero falso que no había sido aún distribuido fue arrojado, junto con el equipo de impresión, a los lagos de Toplitz y Grundlsee, en Austria, pero sobrevivieron suficientes billetes como para obligar al Banco de Inglaterra a cambiar todo el diseño de los legítimos.

En la actualidad, la falsificación de billetes no es fácil, dado el progresivo añadido de sofisticados elementos de seguridad, que incluyen hologramas y tintas de seguridad. Todos los billetes del euro, por ejemplo, llevan un tinte fluorescente que contiene iones de europio, un elemento quí-

---

22 La celulosa es un polímero formado por moléculas de glucosa, que se encuentra de forma masiva en las paredes celulares de los vegetales. Se trata de la biomolécula orgánica más abundante de la naturaleza, y es muy utilizada para hacer papel.

mico del grupo de las tierras raras[23] que puede absorber luz ultravioleta para después emitir luz visible en varios colores. Así, aunque un billete falsificado pueda parecer indistinguible de uno auténtico, bajo la iluminación de lámparas especiales no mostrará la fantasmal luminiscencia de este último, lo que permite detectarlo de inmediato. Ni que decir tiene que la composición exacta de esta tinta es uno de los secretos mejor guardados del planeta, a pesar de lo cual todos los años el Banco Central Europeo retira cientos de miles de billetes falsos del mercado.

Los nazis, con la guerra ya perdida, decidieron arrojar una gran cantidad de billetes al fondo del lago Toplitz. Esta imagen ilustra a un buzo británico recuperando parte de los fajos de billetes.

23 Las tierras raras, que no se llaman así por ser poco abundantes sino por lo que cuesta separarlas unas de otras, son en realidad un grupo de elementos químicos caracterizado en su mayoría por la presencia en las cortezas electrónicas de sus átomos de un nivel interno, el famoso «orbital f», que les confiere propiedades muy especiales.

Pero, volviendo a los metales, ya hemos comentado la importancia del mercurio en el fraude monetario y, sin embargo, hemos pasado por alto su protagonismo en otro tipo de engaños, bastante más peligrosos. Al ser el único metal líquido conocido, se le atribuían propiedades especiales, incluso mágicas, que iban desde ayudar a transmutar otros metales (cosa que parecía muy probable, tal y como parecía comprobarse a través de las amalgamas, esas mezclas en las que los metales adquirían propiedades nuevas) hasta curar enfermedades, e incluso llegar a otorgar la vida eterna. En este sentido, los remedios medicinales basados en el mercurio dominaron gran parte de la farmacopea durante milenios, dándose el caso de que, en lugares como China, su empleo llegó a convertirse en una obsesión.

Como es natural, la creencia generalizada en las bondades medicinales del fascinante metal líquido dio lugar a la proliferación de embaucadores que suministraban una enorme variedad de elixires y preparados a sus clientes adinerados, incluyendo por supuesto a reyes y emperadores. Estos brebajes no solo eran completamente ineficaces, sino también terriblemente peligrosos, dada la toxicidad inherente a los compuestos de mercurio. Dentro del organismo humano, los iones de mercurio inhiben la actividad de algunas enzimas muy importantes, lo que provoca graves daños en órganos como el cerebro y las glándulas endocrinas. El consumo habitual de pequeñas cantidades da lugar a un envenenamiento crónico, que inexorablemente desemboca en trastornos psicológicos, y muy a menudo en la muerte. Así, durante la dinastía Tang, por ejemplo, al menos seis emperadores del Celeste Imperio resultaron muertos debido al consumo de elixires preparados a base de mercurio, y lo mismo le sucedió al emperador Yongzheng, de la dinastía Qing, en una época tan tardía como el siglo XVIII.

Pero quizás el elemento químico utilizado de forma más descarada y dañina para engatusar al consumidor haya sido el radio, la peligrosísima sustancia identificada por el matrimonio Curie que a principios del siglo XX fue promocionada abiertamente como la panacea para el tratamiento de todo tipo de dolencias. En efecto, la relativa falta de control de las autoridades con respecto a este tipo de cosas y los limitados conocimientos de los efectos de la radiación sobre el cuerpo humano llevaron al desarrollo de toda una industria de productos tan inútiles como potencialmente peligrosos, sobre todo en Francia y en los Estados Unidos. La lista de despropósitos incluía pasta de dientes, cremas de belleza, prendas de vestir, jabón, servilletas, pendientes, pisapapeles, preservativos, supositorios, colonia, perfumes, pintura, chocolate, cerveza, cigarrillos y, sobre todo, agua irradiada.

En el caso del agua, los fabricantes argumentaban, obviamente sin ningún tipo de fundamento, que el radio le proporcionaba la cantidad de «radiactividad natural» que supuestamente se perdía durante su tratamiento y potabilización. En este sentido, añadirle radio suponía devolverle el poder sanador característico de algunos manantiales. Por extraño que pueda parecer, esta idea llegó a tener tanto arraigo que se fundaron balnearios para disfrutar de las aguas radiactivas, como el Radium Palace Hotel, inaugurado en 1912 en lo que hoy es la República Checa, cuya propaganda aseguraba que sus huéspedes iban a experimentar «el efecto curativo de las aguas ricas en radón que fluyen a gran profundidad bajo la superficie de la Tierra».

Con una absoluta falta de escrúpulos, las farmacias francesas vendían, por ejemplo, el «Tónico capilar Curie», que se suponía que frenaba la calvicie y recuperaba el color natural del pelo. El mismísimo Instituto del Radio fabricaba dispensadores de radiación para el agua de la bañera, que hacían burbujear gas radón —un peligroso elemento radiactivo— y que también se utilizaban para hacer bebidas efervescentes. Según los desaprensivos fabricantes, la radiactividad curaba casi cualquier cosa, desde el reuma al dolor de estómago, pasando por la impotencia, la gota, la artritis o las lesiones de la piel. En algunas revistas supuestamente serias se incluía publicidad encubierta que fomentaba el consumo. Por ejemplo, en la *American Journal of Clinical Medicine*, un tal

Dr. Davis afirmaba que «la radioactividad previene la locura, despierta nobles emociones, retrasa el envejecimiento y da lugar a una vida espléndida, juvenil y dichosa».

La moda radiactiva alcanzó su cenit en las décadas de los diez y los veinte, durante las cuales se vendían infinidad de productos fraudulentos para el consumo cotidiano de las familias, como la lana Oradium —«para tejer la canastilla del bebé»—, el maquillaje Tho-radia, la Créme Activa de belleza, o la Doramad Radioactive Toothpaste, que prometía unos dientes mucho más blancos.[24] Algunos de estos engendros eran particularmente peligrosos, como es el caso del Radioendocrinator, un preparado que contenía nada menos que el equivalente a 250 microcurios de radiactividad, y que según el fabricante debía colocarse en contacto con el cuerpo. O también el Revigator, un carísimo dispensador de agua irradiada del que se vendieron miles de ejemplares en Estados Unidos hasta mediados de los años treinta, cuyo prospecto recomendaba ingerir seis o más vasos diarios.

Pero quizás el peor de estos productos, y el que a la postre contribuyó en mayor medida a acabar con la infumable moda, fue el Radithor, una bebida muy popular entre la clase alta estadounidense, que contenía como mínimo un microcurio de radio-226 y otro de radio-228. Este producto, inventado por el falso médico William J. A. Bailey y que era anunciado como «una cura para los muertos vivientes», provocó en marzo de 1932 la muerte de Eben Byers, un famoso millonario y deportista que desarrolló varios tumores en la mandíbula y el cerebro como consecuencia de haberse bebido varias botellas al día, hasta alcanzar un número cercano a las mil cuatrocientas. Como consecuencia del escándalo, las

24 Este producto, fabricado en Alemania hasta el final de la Segunda Guerra Mundial, protagonizó una curiosa anécdota. Contenía torio, otro elemento radiactivo, que los alemanes robaron a mansalva durante la ocupación de Francia. Los aliados pensaban que los nazis querían el torio como parte de su programa atómico, hasta que descubrieron que... ¡solo se trataba de fabricar pasta de dientes!

autoridades aumentaron los poderes de la FDA[25] y limitaron el sucio comercio del radio. Para entonces, empezaban a ser bien conocidos los temibles efectos de la radiactividad, consecuencia de la inestabilidad de algunos núcleos atómicos que deriva en su desintegración, que viene acompañada por la emisión de partículas materiales o radiación electromagnética de alta energía que rompen los enlaces de las grandes moléculas biológicas y provocan graves mutaciones.

Ahora bien, hay que decir que no siempre los engaños se han hecho por mala baba, sino que a veces tienen que ver con la supervivencia. Y en eso la química también ofrece soluciones maestras. Como ejemplo, es sabido que, a finales de los años treinta del siglo XX, muchos científicos alemanes, algunos especialmente brillantes, atravesaban por serias dificultades debido a su ascendencia judía. Entre estas lumbreras se encontraban Max Von Laue (1879-1960), premio Nobel de Física en 1914, y James Franck (1882-1964), que obtuvo el mismo premio en 1925. Preocupados por la posibilidad de que las medallas de oro que atestiguaban sus premios fuesen confiscadas por los nazis, los dos extraordinarios físicos se las enviaron de tapadillo a su colega Niels Böhr, otro ganador del Nobel, que a la sazón residía en Dinamarca. En aquellos años, sacar oro a escondidas de Alemania era poco menos que anatema, y todos los físicos involucrados estaban corriendo un gran riesgo, ya que el nombre de los ganadores del premio figuraba en el reverso de las medallas. Además, y para empeorar las cosas, en 1940 la Wehrmacht invadió el pequeño país escandinavo, poniendo al bueno de Böhr ante la incómoda perspectiva de ser descubierto. No quería esconder o enterrar las medallas, dado que nada garantizaba que no pudiesen ser encontradas, y temía por las represalias sobre Franck y Laue.

Pero Böhr trabajaba con otro gran científico, el húngaro George Von Hevesy, a quien se le ocurrió que tal vez los sol-

25 Food and Drug Administration.

dados invasores no supiesen gran cosa de química. Así que, ni corto ni perezoso, disolvió las dos medallas en agua regia, una mezcla de ácidos nítrico y clorhídrico concentrados, capaz de disolver el mismísimo oro. La mezcla era conocida por los alquimistas desde la Edad Media, pero el truco era lo suficientemente ingenioso como para engañar a los poco versados nazis. Así, cuando los alemanes irrumpieron en el laboratorio, pasaron por alto el vaso de precipitados que contenía un líquido color zanahoria. Böhr escapó a Inglaterra a través de Suecia, y cuando regresó a Copenhague en 1945 se encontró con el recipiente en el mismo sitio en el que lo había dejado. Asombrada, la Academia sueca no tuvo ningún inconveniente en rescatar el oro y volver a acuñar las medallas de los dos físicos alemanes.

También la posguerra fue un período histórico donde podemos encontrar muchas anécdotas relacionadas con el uso de la química para engañar a los enemigos políticos. Uno de los casos más rocambolescos, aunque permaneciese en secreto durante años, fue sin duda la Operación Spanner, el intento de los servicios secretos occidentales de sabotear el nuevo programa nuclear de la Unión Soviética. En el otoño de 1945, alarmados por el éxito del proyecto Manhattan y la subsiguiente explosión de las bombas atómicas en Hiroshima y Nagasaki, los soviéticos habían acelerado su propio programa atómico con objeto de equilibrar la balanza con los americanos en el terreno militar. Para ello, entre otras cosas, se hicieron con los servicios de ilustres científicos alemanes que habían participado en el fracasado proyecto nazi y con las instalaciones que se encontraban distribuidas por toda la zona oriental de la Alemania ocupada. Así, desde finales de 1946 tanto el OSS (desde 1947 la CIA) como el MI-6 empezaron a recibir noticias de que en la fábrica alemana de Bitterfeld se estaban produciendo grandes cantidades de calcio metálico que se exportaban a la URSS para la obtención de uranio de gran calidad mediante la reducción de fluoruro de uranio con calcio.

Los servicios secretos aliados contaban con la ventaja de disponer de un formidable elenco de espías formado en la durísima escuela de la recién terminada Segunda Guerra Mundial, uno de los cuales, Eric Welsh, era además un excelente químico. Welsh estaba afincado en Noruega cuando fue reclutado al principio de la guerra por el SIS, precursor del MI-6, para dirigir las actividades de la inteligencia británica en Noruega, incluyendo las acciones de sabotaje. Allí, el antiguo químico convertido en espía alcanzó el grado de comandante como consecuencia de haber orquestado docenas de operaciones, la más destacada de las cuales fue quizá el sabotaje de la fábrica de agua pesada Norsk Hydro, que puso contra las cuerdas el programa nuclear alemán.

El equipo de Alsos (plan enmarcado en el proyecto Manhattan) desmantela la «máquina de uranio» en la cueva de Haigerloch. Los cubos de uranio están en el centro, rodeados de grafito. En la foto se encuentran Lansdale y Welch (arriba a la izquierda, centro), Cecil y Perrin (abajo, centro) y Rothwell (a la derecha, arrodillados).

Al terminar la guerra, los aliados decidieron que Welsh no podía jubilarse, y aprovecharon el talento del comandante para incordiar a los rusos, que habían pasado de la noche a la mañana de ser amigos a convertirse en adversarios. El problema que planteaba el potencial sabotaje de su programa atómico era arduo, dadas las medidas de seguridad tomadas por los soviéticos, pero Welsh encontró rápidamente un resquicio a través del cual intentarlo. Resulta que el proceso de obtención de uranio purificado que se llevaba a cabo en la época requería del empleo de calcio metálico, y Welsh sospechaba que contaminando el calcio con una pequeñísima cantidad de boro (por encima de una parte por millón) podría detenerse la reacción nuclear, ya que el isótopo de boro-10[26] tiende a absorber los neutrones para convertirse en boro-11. Los americanos habían producido en secreto boro-10 de gran pureza en el contexto del proyecto Manhattan, y el legendario espía disponía de un agente en Bitterfeld que podía contaminar el calcio. A pesar de arrostrar diversas dificultades, el proyecto angloamericano se puso en marcha a mediados de 1948, pues los aliados opinaban que los soviéticos no disponían de la tecnología necesaria para darse cuenta de la contaminación. Sin embargo, el proyecto se malogró. El misterioso hombre de Welsh que trabajaba en la factoría empezó a temer por su futuro al darse cuenta de que un simple test de absorción de neutrones mostraría a los rusos que una partida entera de uranio había sido inutilizada, lo que les haría sospechar inmediatamente de los trabajadores de la fábrica alemana. Además, la producción se detuvo durante meses, pues los rusos ya tenían suficiente. Finalmente, en agosto de 1949 los soviéticos hicieron explotar en secreto su primer artefacto de prueba, adelantándose en casi un año a las estimaciones de los americanos, que habían infravalorado claramente la capacidad tecnológica del Imperio soviético y el estatus de su proyecto nuclear.

---

26 El boro es un elemento químico de número atómico 5. Se encuentra en gran cantidad en el bórax (sal de boro).

Eric Welsh en una reunión con Samuel Goudsmit, Fred Wardenburg y Rupert Cecil (noviembre de 1944). Desde 1941, Eric Welsh dirigió la filial noruega del Servicio de Inteligencia Secreta (SIS).

Como carecía ya de sentido, la Operación Spanner fue cancelada y el boro devuelto a Estados Unidos vía Londres, donde fue reciclado en secreto. Los rusos jamás tuvieron noticia alguna de la operación, a pesar de la presencia entre los servicios secretos occidentales de los famosos espías inmortalizados en las novelas de John LeCarré, Donald McLean, por aquel entonces secretario del US-UK Atomic Policy Committee, y «Kim» Philby, el representante del MI-6 en la CIA. Así terminó uno de los más ingeniosos y audaces intentos de sabotaje que registra la historia, del que el mundo no supo nada durante décadas, hasta que la CIA decidió desclasificar la documentación al respecto.

LA SOMBRA DE LOS FANTASMAS Y LA LEJÍA MILAGROSA

Naturalmente, los intentos de utilizar la química para engañar a la gente con fines que podrían considerarse legítimos no se han limitado a los tiempos de guerra, ya que los ilusionistas vienen utilizándola para hacer las delicias de su embelesado público desde tiempo inmemorial. Las transformaciones químicas pueden llegar a ser espectaculares y asombrosas, como es el caso de la célebre «serpiente del faraón», una reacción que utiliza sustancias como el tiocianato de mercurio o, simplemente, el carbonato de sodio con azúcar, en donde los gases que se desprenden hacen que crezca una estructura descomunal que se retuerce y que tiene la apariencia de un monstruo, un efecto que a lo largo del tiempo ha sido utilizado con profusión por la industria cinematográfica.

Algunos ilusionistas, sin embargo, han sido quizás menos honestos y han intentado darle al público gato por liebre, utilizando la química para hacerse pasar por lo que no son. Tal es el caso de William H. Mumler (1832-1884), un joven grabador y joyero muy aficionado a la nueva técnica de la fotografía, que en 1861 descubrió, al hacerse un autorretrato, cómo la forma misteriosa de una chica joven aparecía de manera enigmática en el negativo. Aunque tardó un tiempo en darse cuenta, lo que Mumler había descubierto por casualidad no era otra cosa que el célebre método de la doble exposición[27], consistente en disparar dos fotos seguidas, una detrás de la otra, sin pasar el carrete. De esta forma, se utiliza el mismo espacio para mostrar dos imágenes diferentes una encima de la otra, con resultados a menudo impresionantes. Hoy en día, la técnica parece trivial, pero durante la segunda mitad del

27 La doble exposición, así como otros novedosos efectos fotográficos, se popularizaron con la introducción del colodión húmedo, una disolución de nitrocelulosa en éter y alcohol que después se sensibilizaba con nitrato de plata, dando lugar a imágenes negativas muy nítidas.

siglo XIX protagonizó uno de los mayores escándalos de la denominada «edad de oro del espiritismo».

Mumler, que por aquel entonces contaba con veintinueve años y era muy avispado, se dio cuenta de inmediato del potencial de la nueva técnica para engañar a los incautos. Alan Kardec había publicado cuatro años antes *El libro de los espíritus*, uno de los *best seller* más influyentes de todo el siglo XIX, inaugurando la fiebre del espiritismo. Al mismo tiempo, en Norteamérica la guerra civil estaba costando cientos de miles de vidas, llevando la angustia de los familiares a buscar desesperadamente cualquier indicio de la «supervivencia» de sus seres queridos. Al principio, Mumler hizo correr medio en broma la noticia de que había conseguido fotografiar a una prima suya ya fallecida, pero cuando comprobó la repercusión de la noticia decidió abandonar el oficio de joyero, instalando un estudio primero en Boston y después en Nueva York en donde fotografiaba a la gente potentada en compañía de los espíritus de los difuntos. Por supuesto, el «fantasma de la prima» no era, con toda seguridad, más que el residuo de un negativo anterior capturado con la misma placa. Pero, por increíble que pueda parecer, tanto esta como todas las posteriores manipulaciones de Mumler, la mayoría de ellas consistentes en exposiciones previas de fotografías que el antiguo grabador solicitaba a los familiares con objeto de «facilitar la entrada en contacto» con el muerto, tuvieron un éxito arrollador, convirtiéndolo en un «experto fotógrafo del más allá» que cobraba a sus clientes cinco veces el precio de una fotografía normal.

Sin embargo, aunque sus extraordinarios montajes conseguían convencer a muchos escépticos, no todo el mundo se tragó los trucos de Mumler. Varios fotógrafos se dedicaron a explorar la técnica de la doble exposición y denunciaron lo que ellos consideraban un fraude, apuntando a que los supuestos espectros proyectaban sombras en direcciones distintas a las de las personas reales que aparecían en las fotografías, un indicio claro de la existencia de un montaje. Aparte de eso, a Mumler se le acusó de robar fotos, de incluir

John J. Glover.

imágenes de personas que estaban vivas haciéndolas pasar por difuntos y de otras lindezas por el estilo. En 1869, las quejas contra el «fotógrafo de los espíritus» desembocaron en su detención, seguida de uno de los juicios más mediáticos de la época, en el transcurso del cual la acusación llamó a declarar al mismísimo P. T. Barnum, el polémico rey del *show business,* que mostró al tribunal lo fácil que era trucar una fotografía. Sin embargo, la propia fama de embaucador de Barnum, responsable de fraudes resonantes como el de la «sirena de las Fidji» o el «gigante de Cardiff», no ayudó demasiado a la causa y Mumler fue absuelto por falta de pruebas, algo que los partidarios del espiritismo celebraron como una gran victoria.

Mumler continuó haciendo fotos, algunas de ellas célebres como la que le hizo a la viuda de Lincoln con el fantasma de su marido, hasta su muerte en 1884, pero sus finanzas nunca se recuperaron de los gastos que le supuso el juicio. Mantuvo hasta el final que sus fotografías no eran un fraude, pero quemó todos los negativos poco antes de morir. Así, nadie ha podido comprobar en profundidad el tipo de trucos que utilizó este auténtico maestro de la fotografía, uno de los inventores del método de la doble exposición que puso todo su talento al servicio de los creyentes en el «más allá».

Un siglo más tarde, Uri Geller, el famoso «mentalista» israelí que en la década de los setenta del siglo XX hizo su agosto intentando convencer a la gente de que tenía extraordinarios poderes mentales, tales como la telepatía o la telequinesia, siguió los pasos de Mumler aprovechándose de un puñado de trucos de magia muy bien preparados. Uno de sus efectos preferidos era el doblado de cucharas aparentemente con solo tocarlas, algo para lo que usaba diferentes procedimientos, a cuál más convincente. Este tipo de truco está muy extendido entre los ilusionistas, y algunos de los métodos para ejecutarlo tienen mucho que ver con la química. Una de las posibilidades al respecto es romper la cuchara y después repararla con un poco de galio, un metal de brillo indistinguible del acero y que sin embargo se

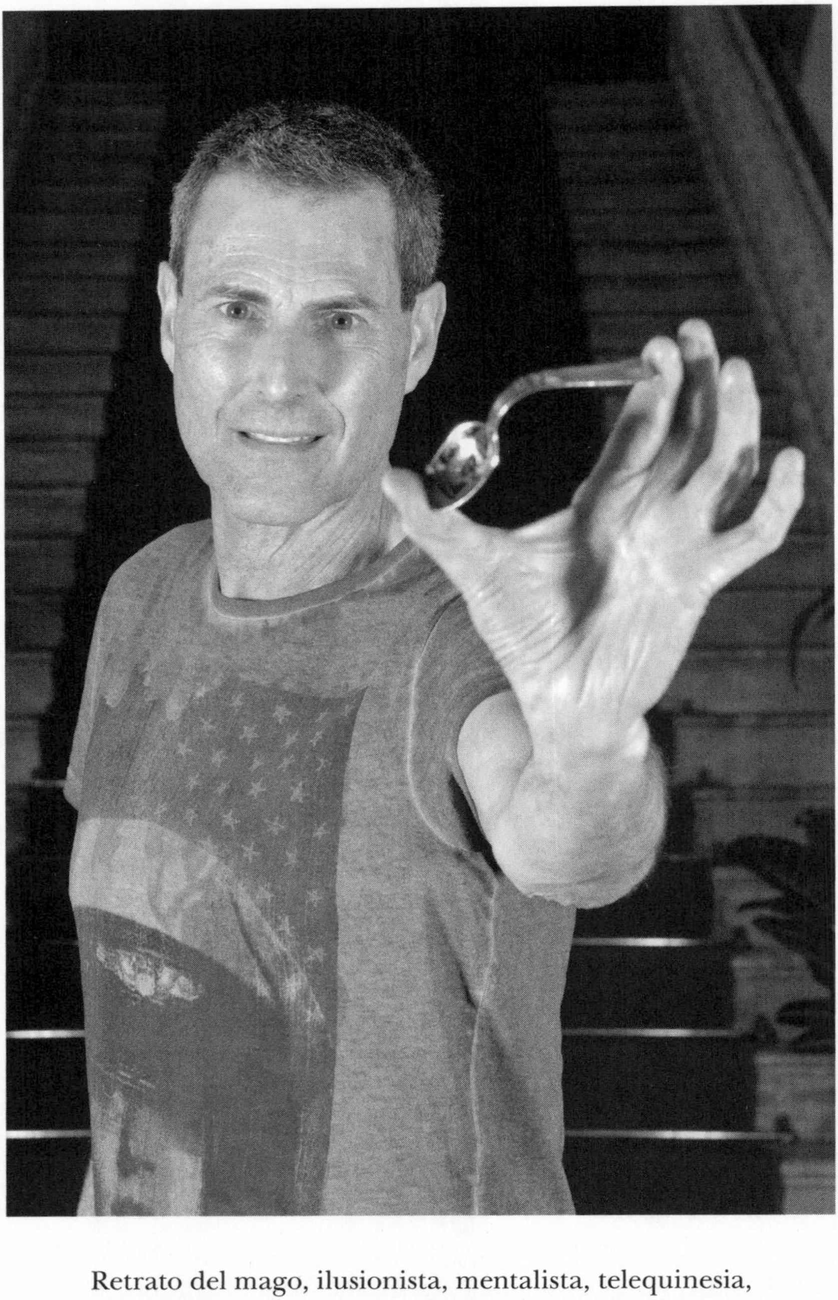

Retrato del mago, ilusionista, mentalista, telequinesia, radiestesia y habilidades de telepatía Uri Geller doblando una cuchara con la fuerza de la mente en 2012.

funde a tan solo 29,8 grados. Es decir, que basta con tocar la zona reparada con los dedos para comprobar cómo se funde en unos segundos debido al calor que desprende el cuerpo humano. El efecto visual, naturalmente, es que la cuchara se dobla. Algo parecido sucede con el nitinol, una aleación de níquel y titanio que tiene memoria mecánica, por lo que resulta posible doblar la cuchara y luego recuperar la forma original mediante la aplicación de calor.

Pero volviendo al lado oscuro, una vez terminada la guerra podría parecer que a raíz de escándalos como el del radio, y dada la progresiva ampliación del control sanitario por parte de las autoridades, los fraudes relacionados con la salud y protagonizados por sustancias químicas serían ya cosa del pasado, pero nada más lejos de la realidad. De hecho, las complejidades de la legislación hacen que los charlatanes del siglo XXI campen a sus anchas, aprovechándose de la credulidad, y en muchos casos de la desesperación, de personas que ya no saben a dónde acudir para solucionar sus problemas.

Uno de los casos más sangrantes de los últimos tiempos es el de la mal llamada «solución mineral milagrosa», o MMS, una disolución de clorito de sodio con una pequeña cantidad de ácido que funcionaría como «activador» y que, según sus partidarios, sería una especie de panacea capaz de curar enfermedades tan graves como la artritis reumatoide, la diabetes, la esclerosis múltiple, la hepatitis, el sida y el cáncer, además de numerosas dolencias menores, tales como migrañas, varices, alergias, y muchas otras.

Naturalmente, el que unas gotas de lejía sean capaces de semejante hazaña, ya debería poner en alerta a los potenciales consumidores, pero el hecho es que la distribución y consumo de MMS se extiende en los últimos tiempos de tal manera que ha llegado a poner en alerta a las autoridades sanitarias de medio mundo, que se esfuerzan en recordar que el clorito de sodio no tiene aplicaciones terapéuticas reconocidas y que su consumo, de hecho, puede causar serios problemas, incluyendo el posible envenenamiento por

El médico alopático (la alopatía es el término acuñado por Hahneman para referise a la terapéutica en la que se emplean medicamentos que producen efectos contrarios a los que caracterizan la enfermedad), vestido de rojo (izquierda), pisotea un libro mientras el homeópata pisotea pastillas y frascos de medicamentos. Caricatura de dos médicos enfrentados por qué método emplear con un paciente. Grabado en madera coloreada. Crédito: Wellcome Collection. CC BY 4.0.

cloro, insuficiencia renal y daño a los glóbulos rojos. Y lo que es peor, las personas que han abandonado tratamientos médicos reales y los han sustituido por el consumo de MMS se enfrentan a graves consecuencias, tal y como muchos profesionales empiezan a constatar. A pesar de lo cual, las ventas por Internet no cesan de aumentar. Existe incluso una secta, la «Iglesia Génesis II de Cura y Sanación», con sede en la República Dominicana y presencia en varios continentes, que se dedica de forma muy activa a la promoción del consumo de MMS.

Como pueden figurarse, detrás de la venta de este producto fraudulento no hay nada más que intereses económicos, pues un frasco de sesenta centímetros cúbicos se vende a unos 40 $. Para eludir la acción de la justicia, los modernos embaucadores evitan a toda costa presentarlo como un medicamento, sustituyendo dicho término por eufemismos como «se trata de un descubrimiento», «es una ciencia nueva», y cosas por el estilo.

Pero el mayor fraude en la relación de la química con la salud, y uno que, además, se encuentra extendido por todo el planeta y tiene lugar a escala industrial, no es otro que la homeopatía, una pseudoterapia extremadamente popular, aprovechándose de la cual empresas como la francesa Boiron facturan anualmente cientos de millones de dólares en productos absolutamente inútiles.

El fundador de la homeopatía fue el médico alemán Samuel Hahneman (1755-1843), quien, al parecer, habría ingerido un poco de corteza de quina para investigar su efecto sobre la malaria y había creído experimentar síntomas similares a los de la enfermedad. A raíz del incidente, a Hahneman se le ocurrió la peregrina idea, basada lejanamente en las ideas de Paracelso[28], de que un preparado

28 Theophrastus Phillippus Aureolus Bombastus von Hohenheim, más conocido como Paracelso (1493-1541), fue un alquimista, médico y astrólogo suizo del Renacimiento, cuyo pensamiento era una mezcla casi perfecta de ideas muy avanzadas para su tiempo y conceptos

diluido de la sustancia que generaba un problema debía ser eficaz para solucionarlo. La razón de diluirlo tenía que ver con otra ocurrencia suya, el «principio de potenciación», según el cual cuanto más diluido estuviese el preparado más eficaz sería, justo lo contrario de lo que sucede en realidad. Hay que decir que Hahneman atribuía las enfermedades a las «miasmas», una serie de emanaciones fétidas del suelo y el agua cuya creencia enraizaba con la Antigüedad, y que opinaba que para activar las disoluciones era preciso golpearlas con un cuerpo elástico, cosa que hacía a menudo con un libro encuadernado en cuero.

Homeopatía observando los horrores de la alopatía
de Alexander Beydeman, 1856.

---

completamente trasnochados. Se le atribuye la frase «lo que enferma al hombre también lo cura», en referencia al tratamiento en pequeñas dosis.

En una época donde la medicina estaba en mantillas, con métodos como la sangría, la purgación, o la administración de la triaca veneciana[29], no resulta sorprendente que las suaves prescripciones de Hahneman tuviesen un éxito reseñable, que fue apagándose con el advenimiento de la medicina moderna hasta que, en la década de los setenta del siglo XX, y al amparo del movimiento *new age*, resurgió de nuevo. Hoy en día es una industria muy relevante, que mantiene sus postulados a pesar de la absoluta carencia de base o evidencia científicas.

Las diluciones típicas de la homeopatía son de tal magnitud que a menudo no queda ni una sola molécula del supuesto principio activo. Eso convierte al preparado, literalmente, en un frasco de agua con azúcar. Por ejemplo, el Oscillococcinum, un producto homeopático de la multinacional francesa Boiron que supuestamente alivia los síntomas de la gripe, se prepara con hígado y corazón de pato diluidos en una parte cada 10^{400} partes de agua (un uno seguido de cuatrocientos ceros), lo que implica la ausencia absoluta en la disolución del más mínimo resto de los productos originales. Dado que el desarrollo de la teoría atómica y de nuestro conocimiento acerca de la estructura de la materia durante los siglos XIX y XX puso esta carencia claramente de manifiesto, los modernos partidarios de la homeopatía argumentan la presencia de lo que ellos llaman la «memoria del agua» (sea lo que sea semejante cosa) para justificar que el disolvente de alguna manera es «activado» por la sustancia original, adquiriendo unas propiedades curativas ausentes en el «agua inerte». Por supuesto, todo esto estaría relacionado con la teoría cuántica, lo cual debería bastar para ponernos a todos en guardia[30].

---

29 Este era un complejo e inútil remedio, compuesto por sesenta y cuatro sustancias, incluidos el opio, la mirra y la carne de víbora...

30 La mecánica cuántica es, por derecho propio, una de las teorías científicas más famosas y de mayor éxito de toda la historia de la ciencia. Dada su naturaleza contraintuitiva, que a veces la envuelve de un cierto aire de misterio, el concepto «cuántico» es invocado de forma sistemática por

Ni que decir tiene que semejante sarta de tonterías carece de la más mínima base científica, y que no hay ningún mecanismo farmacológico verosímil que pueda sustentar las afirmaciones de los homeópatas. La «memoria del agua», por ejemplo, no existe, pues al desaparecer el soluto también lo hace cualquier estructura que el agua haya podido formar a su alrededor[31]. Por descontado, tampoco hay ningún estudio científico serio que avale la eficacia de esta práctica, a pesar de lo que se esfuerzan en proclamar sus partidarios.

¿Por qué, entonces, hay gente que dice que la homeopatía le funciona? La respuesta, como en el caso de todas las pseudoterapias, está en el conocidísimo efecto placebo, un mecanismo basado en la sugestión que influye positivamente en la percepción de la salud por parte de un paciente. Este efecto es tan poderoso que, de hecho, se tiene muy en cuenta en todos los ensayos clínicos, hasta el punto de que solo se considera que un medicamento es eficaz cuando su efecto aparente es significativamente superior al del grupo de control, al que se le suministra un placebo. Por otro lado, la homeopatía se beneficia de la evidente inocuidad de productos que no contienen ningún principio activo, aunque eso no significa que no sean perjudiciales, por lo menos en la medida en que la gente abandone los tratamientos médicos que viene siguiendo para echarse en brazos de esta absurda pseudoterapia que raya en la superstición, pero que en pleno siglo XXI es el sustento del negocio de empresas que facturan millones de dólares a base de tomarles el pelo a sus clientes.

---

todos los charlatanes que pululan por el planeta, con vistas a darle credibilidad a cualquier ocurrencia. Claro está que, por descontado, los embaucadores no tienen ni la más mínima idea del contenido de la teoría.

31 Además, si fuese cierto lo contrario, que no lo es, el agua «recordaría» todos los millones de sustancias diferentes con las que ha estado en contacto a lo largo de su historia, incluidos tóxicos o heces…

La química que te envenena

SUSTANCIAS PONZOÑOSAS Y DESASTRES AMBIENTALES

La enfermera Marsha Maitland estaba sentada al lado de la cama en una de las habitaciones del hospital de Hammersmith, en Londres, contemplando en silencio a aquella pequeña que respiraba con dificultad. La niña, de diecinueve meses, había llegado desde Catar acompañada por sus padres, en estado de semiinconsciencia y con la presión sanguínea en descenso. Los médicos habían intentado estabilizarla, pero nada parecía poder detener el proceso de deterioro que la estaba condenando. Simplemente, se moría. Y, lo que era más embarazoso, nadie sabía por qué.

Marsha Maitland no tenía en ese momento mucho que hacer, así que echó mano de la novela de Agatha Christie que estaba leyendo últimamente, *El misterio de Pale Horse*. Mientras lo hacía, sus pensamientos a menudo volvían al extraño caso de la niña, a cuyo misterioso mal nadie en todo el hospital parecía capaz de ponerle nombre. Los médicos se estaban devanando los sesos intentando averiguar de qué enfermedad se trataba, pero lo único que sabían con certeza es que la vida de la pequeña se apagaba poco a poco, que su respiración se volvía cada vez más débil y que empezaba a perder el pelo.

Marsha, de repente, dio un respingo. Acababa de leer en la novela que a una de las víctimas del asesino se le estaba cayendo el pelo... ¡y empezó a caer en la cuenta de que otros síntomas también encajaban! Agatha Christie era una autora con buenos conocimientos sobre toxicología... ¿Sería posible que la pequeña que yacía postrada en la cama de al lado estuviese sufriendo un envenenamiento por talio, la mortal sustancia con la que se cometían los asesinatos en la novela?

Inquieta y esperanzada, la intrépida enfermera compartió sus sospechas con Víctor Dubowitz, el médico encargado del caso. Aunque incrédulo en un principio, Dubowitz se dio cuenta de que ante lo desesperado del caso había poco que perder. Se dirigió a Scotland Yard, que le puso en contacto con un laboratorio capaz de analizar el talio y también con un delincuente que estaba en la cárcel por envenenar a su familia y a sus colegas de trabajo con la mortífera sustancia, y que conservaba un cuaderno de notas con los síntomas detallados del envenenamiento.

El resultado de la pintoresca investigación fue espectacular. Los atribulados padres no tenían la menor idea de cómo podía haberse intoxicado su hija, pero el hecho es que en la sangre de la niña había una cantidad de talio diez veces superior a la normal. Tras una serie de pesquisas, resultó evidente que la pequeña había ingerido un pesticida habitualmente utilizado en su barrio natal para combatir a las cucarachas y a los roedores. Al gatear por el suelo, la pequeña lo tocaba con los dedos y a continuación se lo llevaba a la boca. Una vez dentro del organismo, el ponzoñoso elemento se cuela por los canales celulares que utiliza el potasio e interfiere con un gran número de sistemas enzimáticos. Y lo peor es que no te enteras, porque el veneno tarda semanas en hacer efecto. Las disoluciones de sus sales son incoloras, inodoras e insípidas, y los síntomas que provoca pueden confundirse con los de muchas enfermedades, por lo que pasa prácticamente desapercibido. Es el veneno perfecto, y ha protagonizado muchas historias de asesinato.

El equipo de Dubowitz empezó a tratar a la niña con azul de Prusia, un agente químico que «secuestra» el talio, enlazándolo fuertemente y evitando que sea absorbido. A las pocas semanas la pequeña se había recuperado considerablemente y a los cuatro meses se le dio el alta. El extraordinario caso fue incluido en la edición de junio de 1977 del *British Journal of Hospital Medicine* y a partir de ahí dio la vuelta al mundo. Por desgracia, Agatha Christie había fallecido el año anterior, de modo que la célebre escritora no pudo llegar a ver cómo su talento y su fabuloso conocimiento de los venenos habían salvado la vida de una persona de verdad, una pequeña de poco más de año y medio que, a la postre, resultó ser una de las supervivientes de *El misterio de Pale Horse.*

La asombrosa historia de Marsha Maitland y el talio nos sirve de introducción para hablar de la estrecha relación que la química ha mantenido con el veneno a lo largo de los tiempos, algo que no tiene nada de sorprendente si pensamos que un organismo vivo no es, en el fondo, sino una compleja colección de pequeñas máquinas moleculares. Las reacciones químicas que tienen lugar dentro de nuestras células, y que son las responsables de todos nuestros movimientos, todos nuestros pensamientos y todas nuestras acciones, están catalizadas por las enzimas, unas enormes moléculas que han evolucionado a lo largo de eones para llevar a cabo su trabajo. Las enzimas, por lo general, facilitan el que unas moléculas entren en contacto con otras con objeto de que reaccionen con mayor facilidad —de ahí lo de «catalizar»— y se ven a su vez moduladas por sustancias químicas muy específicas.

El problema es que muchas moléculas se parecen enormemente entre ellas, y por tanto resulta fácil que algunas sustituyan a aquellas con las que normalmente interacciona la enzima, interfiriendo en su funcionamiento y, eventualmente, trastocando todo el proceso en el que interviene. Las delicadas vías metabólicas se detienen o se ralentizan, pudiendo llegar a desestabilizar seriamente el funcionamiento de todo el organismo. Y si pensamos que en una célula hay miles de enzimas diferentes, entenderemos lo relativamente sencillo que resulta envenenarla.

El talio es uno de los mejores ejemplos de un veneno mortal, pero ni mucho menos es el único. De hecho, la cifra de sustancias químicas tóxicas es prácticamente inabarcable, y todos los días se descubre alguna nueva. Tanto es así que la historia de las intoxicaciones masivas por sustancias químicas es casi tan antigua como la propia civilización. Los romanos, por ejemplo, tuvieron un largo idilio con el plomo, un metal de bajo punto de fusión y muy blando y maleable, que empleaban para fabricar casi cualquier cosa, desde láminas para grabar hasta cañerías, cacerolas e, incluso, bañeras. Y no solo se trataba del plomo metálico. El acetato de plomo, una de las sales de este metal, tiene un sabor dulce parecido al del azúcar, y los romanos habían aprendido a cocer el mosto en ollas de plomo que desprendían esta sustancia y endulzaban así el aderezo utilizado para rebajar el vino (los romanos rara vez consumían el vino sin rebajarlo). Además, también se lo echaban directamente a la comida. Pero el plomo es extremadamente tóxico para el organismo, ya que interfiere con numerosas enzimas provocando anemia y neurotoxicidad, y cuando se consume con regularidad da lugar a un cuadro de envenenamiento crónico conocido como saturnismo[32]. Es muy probable, por tanto, que el evidente desequilibrio mental de algunos prebostes del Imperio, incluidos senadores y emperadores, tuviese su origen en esta desafortunada práctica.

En tiempos más modernos, los envenenamientos colectivos están ligados a vertidos al medio ambiente como con-

32 Los alquimistas identificaban el plomo con el planeta Saturno.

secuencia del desarrollo industrial y, entre todos los casos registrados hasta la fecha, quizá uno de los más emblemáticos haya sido el sufrido por los habitantes de la cuenca del río Jinzü, en la prefectura de Toyama, en Japón. La razón de ello es que no solo estamos ante uno de los envenenamientos en los que más tiempo se tardó en descubrir la causa, sino que se trató de la primera, y única hasta la fecha, intoxicación colectiva por cadmio que hayamos registrado.

La cuenca del Jinzü venía siendo objeto de actividades mineras desde el siglo VIII, aunque la producción no comenzó a aumentar en serio hasta el siglo XVII, primero con la extracción de plata y luego con la de cobre y de zinc. A finales del XIX, la explotación se volvió industrial, con grandes hornos que permitieron hacer frente a la mayor demanda de materias primas, consecuencia de la guerra ruso-japonesa y de la Primera Guerra Mundial. A partir de entonces, la producción no paró de aumentar. Aunque la obtención industrial de cadmio no comenzó hasta 1944, la extracción descuidada del zinc tuvo como consecuencia la contaminación de los suelos con grandes cantidades de aquel. El cadmio pasaba al río, cuya agua, entre otras cosas, se utilizaba para beber y para regar los campos de arroz a lo largo de su recorrido. El arroz acumulaba el metal, que pasaba al organismo de las personas que lo consumían.

Pero, una vez dentro del cuerpo, el cadmio es químicamente tan parecido al zinc que lo sustituye en aquellos sistemas enzimáticos que precisan de este último. De hecho, la razón de que el arroz de la ribera del río Jinzü absorbiese cadmio no era otra que el que la planta lo había «confundido» con el zinc. En los humanos, el cadmio se concentra sin parar en órganos como el hígado o los riñones, comenzando a dar síntomas de envenenamiento crónico. Entre sus principales efectos, los huesos se vuelven débiles y quebradizos, dando lugar a deformidades y fracturas, aparecen patologías del sistema inmunitario y también insuficiencia renal. Los niveles elevados de cadmio en el organismo están incluso asociados con el cáncer de pulmón, no en vano la concentración de este metal en la planta del tabaco hace que los fumadores empedernidos pueden llegar a absorber una dosis diaria de cadmio muy superior a la de una persona normal. El gran parecido entre el cadmio y el zinc en cuanto a su comportamiento químico es también una de las principales razones de que la minería de este último pueda dar lugar a la contaminación por el primero. De hecho, el cadmio no fue descubierto hasta 1817 porque siempre se encuentra tan asociado al zinc que los científicos tardaron mucho tiempo en darse cuenta de que los minerales de este metal contenían también un elemento químico diferente.

Los primeros casos de intoxicación en la prefectura de Toyama aparecieron hacia 1912, sin que llegase a conocerse la causa. El dolor que sufrían los afectados llegaba a ser incapacitante, como demuestra el hecho de que a la enfermedad se la bautizase como «itai-itai» (algo así como «¡ay, ay!»). Afectaba principalmente a mujeres, pero hasta finales de la Segunda Guerra Mundial no comenzaron las pruebas médicas para determinar la causa de la enfermedad. En 1955 comenzó a sospecharse del cadmio y seis años más tarde se concluyó que una explotación minera gestionada por la empresa Mitsui Mining and Smelting era la principal responsable de la contaminación. Las subsiguientes acciones legales desembocaron en indemnizaciones para las víctimas, que llegaron a contarse por cientos. La mala noticia es que el proyecto de limpieza de las áreas contaminadas finalizó en 2012 después de haber costado una auténtica fortuna. La buena, que desde 1946 no se ha producido ningún nuevo caso de «itai-itai», lo cual no es solo un alivio, sino que demuestra lo importante que es el control de las autoridades sobre una industria que, muchas veces, primero dispara y luego pregunta. En cuanto a la minería del zinc y del cadmio, hoy en día está mucho más controlada en cualquier parte del mundo, a pesar de lo cual la OMS sigue incluyendo a este último en el «top 10» de los asesinos sigilosos.

Otro elemento químico protagonista de innumerables casos de intoxicación es el mercurio, ese fascinante metal líquido del que ya hablamos en el capítulo anterior y al que a lo largo de la historia se le han atribuido todo tipo de propiedades curativas, hasta el punto de llegar a ser considerado como un auténtico elixir de la inmortalidad. En el Celeste Imperio, en concreto, el consumo de remedios con un elevado contenido de mercurio tiene una tradición milenaria, y muchos emperadores chinos han fallecido a lo largo de los siglos envenenados lentamente por esta sustancia. Los alquimistas, por su parte, veían en el mercurio una de las claves para la obtención de la piedra filosofal, siendo infinidad los casos de alquimistas gravemente intoxicados por los vapores del líquido metal.

Quizá el caso más paradigmático de un gobernante obsesionado por el mercurio haya sido el de Qín Shǐ Huáng Dì, el legendario primer emperador de China. Si hay un descubrimiento arqueológico que ha alimentado la imaginación del gran público ese es, sin duda, el del llamado «ejército de terracota», una impresionante colección de más de seis mil estatuas diferentes de guerreros, caballos y carros de combate que protegían el tránsito al otro mundo de Qín Shǐ Huáng Dì, encontrados en 1974 en Xiàn. Las figuras ocupan una parte del gigantesco mausoleo de dos kilómetros cuadrados de superficie, que según las crónicas tardó treinta y ocho años en ser construido por cientos de miles de obreros y en cuyo interior se oculta todavía la tumba con los restos mortales del emperador.

Sin embargo, y aunque fue localizado hace décadas, el Gobierno chino no autoriza todavía a los arqueólogos la entrada al interior del recinto, a pesar de las inimaginables riquezas que se supone que contiene. El motivo de ello son las trampas mortales que según los escritos antiguos se encuentran por doquier, dispuestas a liquidar al primero que se aventure a entrar en la tumba, así como la presencia en ella de elevados niveles de mercurio, ese tóxico metal líquido con el que se dice que el emperador ordenó rellenar el cauce de los ríos que atravesaban un enorme mapa de sus dominios, situado bajo una simulación del cielo nocturno en el que relucientes piedras preciosas hacían las veces de estrellas.

Cinabrio o bermellón es un mineral compuesto por un 85% de mercurio. En la Antigüedad fue utilizado como colorante para pinturas y para preservar huesos. Quizás por este uso los alquimistas asociaron el cinabrio a la longevidad y comenzaron a fabricar elixires de mercurio. En la medicina china se le denomina cinabrio a la energía sexual o energía de vida recibida de los padres en el momento de la concepción y que se va agotando a lo largo de la vida.

Qín, que vivió en el siglo tercero antes de nuestra era, fue un gran militar y estadista, pero también un megalómano donde los hubiera. Tras derrotar a todos sus rivales, hacia 221 a. C. unificó un enorme territorio bajo su control y comenzó a llevar a cabo una serie de obras faraónicas por las que debía ser recordado para toda la eternidad, incluyendo entre ellas una gigantesca red de carreteras, la célebre Gran Muralla y el mausoleo. Pero, además, y a medida que envejecía, Qín se obsesionó con la inmortalidad, buscando por todos los medios la forma de conseguirla. Entre otras muchas intentonas, en una ocasión envió una expedición a una mítica montaña en la que supuestamente residía un mago con más de mil años de edad, y se dice que mandó quemar cualquier libro que no estuviese enfocado en los secretos de la alquimia y el elixir de la inmortalidad. Enormes recursos del reino fueron desviados a la insensata búsqueda y muchos sabios murieron simplemente para que Qín comprobase si eran capaces de resucitar.

Tras comprobar que nada de esto funcionaba, el anciano emperador volcó sus esperanzas en el mercurio, la brillante «plata líquida» a la que los chinos atribuían propiedades curativas para heridas y fracturas, además de para mejorar la salud y, por supuesto, alargar la vida. Tan fascinado como desesperado, Qín exigió a sus médicos y alquimistas que le aplicasen un tratamiento a base de mercurio que le volviese inmortal. Bajo la amenaza de una muerte segura en caso de no complacerle, los galenos de la corte suministraron a Qín píldoras de mercurio y polvo de jade que acabaron por matarle, dándose la paradoja de que un guerrero que sobrevivió a innumerables batallas y varios intentos de asesinato acabó sucumbiendo a sus propias obsesiones.

En cualquier caso, en descargo de Qín hay que decir que no fue el único monarca de la Antigüedad obsesionado con el mercurio. Los faraones se lo aplicaban en forma de ungüento y los griegos y los romanos hacían cosméticos con él. Por su parte, los gobernantes mayas y árabes construían piscinas de este metal líquido y la creencia en sus propiedades milagrosas se extendió a lo largo de la Edad Media por toda la cristiandad. Por tanto, no juzguemos con demasiada dureza al bueno de Qín Shǐ Huáng. Después de todo, no hizo más que emplear el mercurio para buscar aquello que tantos humanos hemos anhelado a través de las religiones; trascender esta vida terrenal y asegurarnos el futuro en el «más allá».

Y el caso es que, en honor a la verdad, el hermoso mercurio metálico no es demasiado peligroso, ya que se absorbe muy mal, algo que no puede decirse de sus vapores ni de muchos de sus compuestos. Una vez dentro del cuerpo, asalta el sistema nervioso y otros componentes vitales, ocasionando problemas neurológicos muy graves. A pesar de lo cual, ha venido siendo utilizado hasta bien entrado el siglo XX como remedio para la sífilis, antiséptico (mercromina), diurético, laxante, calmante, y para hacer empastes dentales. En Inglaterra, los trabajadores de las fábricas de sombreros que utilizaban disoluciones a base de nitrato de mercurio desarrollaban trastornos psicológicos con tanta frecuencia que llegó a popularizarse el dicho «estás loco como un sombrerero».

Pero los peores derivados del mercurio son algunos compuestos orgánicos, entre los cuales el metil y el dimetilmercurio se llevan la palma. El primero fue responsable del desastre de Minamata, una bahía japonesa en cuyos alrededores enfermaron gravemente unas tres mil personas en los años cincuenta, como consecuencia del vertido de dicha sustancia entre los desechos de una factoría de la empresa Chisso Corporation. El segundo, por su parte, saltó a la fama en 1996 cuando Karen Wetterhahn, una experta estadounidense en metales tóxicos, falleció poco después de que unas pequeñas gotas de dimetilmercurio atravesasen uno de los guantes de látex que portaba. La extrema toxicidad de esta mortífera sustancia es hoy en día motivo de preocupación por parte de las autoridades sanitarias de medio mundo, debido a su tendencia a acumularse en la grasa del pescado azul, sobre todo en determinadas zonas.[33]

Como vemos, la ingestión de sustancias químicas tóxicas tiene lugar por accidente de forma mayoritaria, aunque detrás de los sucesos más graves siempre hay algún tipo de negligencia o falta de control por parte de las instituciones. Uno de los principales ejemplos de esto es el célebre

33 Eso no quiere decir que haya que dejar de comer pescado azul, más bien todo lo contrario. Este tipo de alimento tiene muchas ventajas para nosotros. Basta simplemente con que se tomen ciertas precauciones.

caso de la talidomida[34], un medicamento que fue comercializado entre 1957 y 1963 como sedante y para calmar las náuseas durante los primeros meses de embarazo. La talidomida fue anunciada como una panacea debido a su aparente falta de efectos secundarios, pero los deficientes controles de la época habían pasado por alto que la producción del fármaco daba lugar en realidad a una mezcla de dos enantiómeros, es decir, dos moléculas de idéntica fórmula química, pero en las que la disposición espacial de los átomos es diferente. Esto nunca se había tenido antes en cuenta a la hora de diseñar un fármaco, pero la exquisita especificidad de la maquinaria biológica tuvo en este caso un resultado devastador, pues mientras una de las formas enantioméricas —la R— producía efectivamente un efecto sedante, la otra —S— tenía efectos teratogénicos y ocasionaba focomelia, una gravísima anomalía congénita caracterizada por la cortedad extrema, e incluso la falta absoluta, de las extremidades. La gran popularidad de la talidomida como sedante hizo que se consumiese de forma masiva en muchos países europeos y africanos, dando como resultado miles de nacimientos de fetos afectados por malformaciones completamente irreversibles.

Cuando por fin se descubrió el papel que jugaba el fármaco en el desastre, se montó un escándalo de proporciones globales. En Estados Unidos, una revisora de la FDA, la doctora Frances Oldham Kelsey, se había negado a autorizar el medicamento hasta que se hicieran más estudios, salvando con ello a miles de bebés norteamericanos y demostrando de paso que la industria lanzaba a menudo al mercado medicamentos sin haber llevado a cabo controles exhaustivos acerca de su seguridad. En Alemania, sede de la empresa fabricante, los directivos de la Grünenthal GmbH se vieron sometidos a un polémico juicio del que los afectados obtuvieron indemnizaciones muy inferiores a las solicitadas, y en

34 (RS)-2-(2,6-dioxopiperidin-3-il)isoindol-1,3-diona.

países como España las demandas no llegaron a presentarse hasta décadas después, debido a los impedimentos que en su día puso la dictadura.

Como consecuencia de la «catástrofe de la talidomida», muchos países empezaron a promulgar leyes de control de los medicamentos, exigiendo a la industria toda una colección de ensayos farmacológicos en animales y en humanos, con vistas a minimizar el riesgo de envenenamiento. Ello ha encarecido sobremanera los costes del lanzamiento de un medicamento al mercado, pero también ha eliminado virtualmente el riesgo de que se repita un desastre semejante. Y, al margen del sector farmacéutico, la exigencia de estrictos controles medioambientales se extiende a casi todas las actividades industriales, de modo que, aunque en algunos países del tercer mundo las reglamentaciones se aplican de un modo bastante laxo, desastres como el de 1984 en Bophal, en la India —una fuga de isocianato de metilo en una fábrica de pesticidas de la compañía estadounidense Union Carbide y del Gobierno de la India que ocasionó una nube tóxica que mató a miles de personas y dejó secuelas en decenas de miles—, parecen hoy en día cosa del pasado.

Y el caso es que, precisamente, la catástrofe de Bophal nos recuerda que no solo debemos tomar precauciones con los productos tóxicos en sí, sino también con sus potenciales precursores, sustancias que en un principio son inocuas pero que en contacto con otras pueden convertirse en terribles venenos. En la tristemente célebre localidad hindú, en contacto con la atmósfera el isocianato se transformó en una serie de gases muy tóxicos, incluyendo el fosgeno, la metilamina, la sosa cáustica y el ácido cianhídrico, que fueron en realidad los responsables del envenenamiento en masa.

ATROPINA, POLONIO Y ARSÉNICO POR COMPASIÓN

Pero ¿qué hay de las veces en las que el envenenamiento se produce aposta? Los relatos de personas que han sido asesinadas utilizando sustancias ponzoñosas son tan viejos como la propia humanidad, y algunos casos, como el de Sócrates y la cicuta[35], han llegado a hacerse célebres. En efecto, en 399 a. C., y ya con setenta años de edad, el gran filósofo ateniense fue acusado por sus enemigos de apostasía, delincuencia y corrupción de la juventud, siendo a continuación encarcelado y obligado a beber una copa de este veneno, muy utilizado por los antiguos griegos para inducir el suicidio. También es muy conocido el caso de Mitridates VI del Ponto, un rey obsesionado con los venenos que intentaba por todos los medios inmunizarse contra ellos. La leyenda cuenta que experimentó los efectos de innumerables sustancias, tanto con prisioneros como consigo mismo, y que llegó a inventar una mezcla llamada mitridato, que al parecer contenía opio, extracto de hongos y aceite de serpiente, entre otros ingredientes. Varios escritores del mundo clásico refieren cómo a través de semejantes prácticas Mitridates desarrolló una inmunidad legendaria, que le impidió incluso suicidarse cuando, tras ser derrotado por Pompeyo, quiso evitar el ser capturado.

La lista de sustancias químicas utilizadas para quitarse de en medio al prójimo a lo largo de la historia es extremadamente larga, no en vano ya Plinio el Viejo nos hablaba de hasta siete mil venenos diferentes, e incluye desde plantas como la cicuta o el estramonio[36], esta última muy relacio-

35 La cicuta (*Conium maculatum*) es una planta muy tóxica repleta de peligrosos alcaloides, entre los que destaca la coniína o cicutina, una neurotoxina que bloquea el sistema nervioso central.

36 La *Datura estramonium* es una planta cuyas semillas han sido utilizadas desde tiempo inmemorial por brujos y chamanes de medio planeta por causa de sus propiedades alucinógenas. Contiene varios alcaloides

Estracto de la obra *La muerte de los Sócrates*,
de Jacques Louis David, 1787.

nada con algunos sonoros casos de zombis, a preparados de base mineral, como las sales de talio o de arsénico. De las «habilidades» del primero ya hemos hablado en referencia a la historia de Marsha Maitland, por lo que nos centraremos en la vida y milagros del segundo.

La historia del arsénico con fines criminales es casi tan antigua como la de la cicuta, ya que los romanos ya lo usaban para estos menesteres. Durante el Renacimiento, fue el veneno favorito de los Médici y de los Borgia, y en el siglo XIX se convirtió en la herramienta preferida de los que buscaban deshacerse de alguien sigilosamente, hasta el punto de que en Francia las sales de arsénico llegaron a ser conocidas como el «polvo para heredar». Hasta se ha llegado a decir que Napoleón Bonaparte murió envenenado con esta sustancia en su exilio de Santa Elena, no en vano se han encontrado niveles elevados de arsénico en algunos cabellos suyos que se han conservado. En el caso del célebre emperador, subsisten muchas dudas, pero no así en muchos casos de envenenamiento durante la época victoriana que en su día llenaron las páginas de la prensa.

Sin ninguna duda, la más popular de estas simpáticas sustancias era el trióxido de arsénico, considerado la panacea de los criminales, ya que era muy fácil de suministrar con los alimentos, no podía detectarse por su color ni su olor y tampoco era posible rastrearlo dentro del cuerpo. Y lo que era peor, las pruebas químicas disponibles para detectarlo no eran suficientemente fiables, tal y como tuvo la ocasión de comprobar James Marsh, un famoso químico británico que trabajaba para la Armada.

En 1832, Marsh fue requerido como perito de la acusación en el juicio de John Bodle, un tipo sospechoso de envenenar a su abuelo echándole arsénico en el café. Utilizando los métodos analíticos disponibles, Marsh consiguió detectar arsénico, pero el resultado fue tan poco convincente que

---

extremadamente tóxicos, tales como la hiosciamina, la atropina y la escopolamina.

Marie Lafarge.

el espabilado de Bodle resultó absuelto. Marsh quedó tan contrariado que se prometió a sí mismo que encontraría un método adecuado para desenmascarar del todo al arsénico. Como consecuencia de sus experimentos, cuatro años más tarde fue capaz de desarrollar el famoso test que lleva su nombre, un método extremadamente sensible que terminaba con un hermoso depósito negro-plateado de arsénico metálico imposible de disimular y, lo que era mejor todavía, fácil de cuantificar.

El nuevo y eficacísimo test de Marsh fue rápidamente adoptado, y en 1840 inauguró *de facto* la era de la toxicología forense al protagonizar el veredicto de culpabilidad para Marie Lafarge, sospechosa de haber envenenado a su marido con el trióxido de arsénico que supuestamente había comprado como matarratas. En un juicio mediático como pocos, la pretendida ausencia de arsénico en el cadáver fue contestada por el gran toxicólogo francés Mathieu Orfila mediante la correcta aplicación del test de Marsh, un resultado que resultó polémico pero que lanzó la prueba a la fama. Además, y como magnífico efecto secundario, la introducción del test acabó virtualmente con el reinado de los cazadores de herencias, pues la frecuencia de envenenamientos deliberados se redujo en grado extremo debido al miedo de los potenciales asesinos a ser descubiertos gracias al poder del nuevo análisis químico.

Naturalmente, su fracaso a la postre como veneno no significa en absoluto que el arsénico dejase de dar guerra. De hecho, durante décadas se siguió utilizando como componente de pigmentos («verde de París») y en forma de medicamento para combatir la sífilis, a menudo con resultados deplorables. Hoy en día, los suelos contaminados con arsénico son una auténtica pesadilla en Bangladesh, un país donde el Gobierno puso en marcha un proyecto de canalización de aguas subterráneas con objeto de distribuir agua potable a la población, sin percatarse de que el líquido elemento que se extraía de los pozos contenía cantidades apreciables de sales de la ponzoñosa sustancia, de manera que los casos de arsenicosis (intoxicación por arsénico) son por desgracia bastante frecuentes entre la población del país.

Curiosamente, algunas sales en teoría mucho más inocentes que las de arsénico o las de talio pueden convertirse en letales a dosis elevadas. Es el caso del cloruro potásico, un sustituto de la sal común que se vende en los supermercados y que resulta de lo más corriente. De hecho, el potasio es un oligoelemento esencial para nuestra salud que debe reponerse a través de la dieta, no en vano el aporte diario recomendado es tres veces mayor que el de sodio. Dentro del cuerpo, el potasio se encuentra un poco por todas partes, sobre todo en forma de electrólito en el fluido extracelular, y su papel en el impulso nervioso resulta fundamental. Su carencia no suele ser un problema, ya que se encuentra ampliamente distribuido por casi todos los alimentos[37], pero una dosis grande puede resultar fatal, porque el exceso de potasio bloquea rápidamente el impulso nervioso y causa la muerte. En 1991, el doctor Nigel Cox acabó con la vida de una paciente terminal, Lillian Boyes, inyectándole una solución de cloruro potásico, algo que más tarde le costó una condena en firme por asesinato. Paradójicamente, semejante método se viene usando con regularidad en varios Estados de EE. UU. para ejecutar a los criminales convictos, sobre todo cuando acceden a donar sus órganos.

Quizá, entre todas las sustancias tóxicas que amenazan al ser humano las más peligrosas sean los organofosforados, esos temibles venenos a los que hacíamos referencia cuando hablábamos de la afición de ciertos Gobiernos a las armas de destrucción masiva. Curiosamente, el mejor antídoto (o al menos el más usado) para contrarrestar el efecto de estos despiadados asesinos, que no es otro que la atropina, es al mismo tiempo un veneno casi tan peligroso como las sustan-

---

37 La cantidad diaria recomendada de potasio es de 3,5 gramos. A excepción de los aceites vegetales, la mantequilla y la margarina, el potasio se encuentra en la práctica totalidad de los alimentos. En algunos, como los frutos secos, supera el 1% del peso total del alimento.

cias que acostumbra a combatir. La atropina, famosa porque sale en muchas películas, bloquea la mayor parte de los receptores de la acetilcolina, provocando el efecto contrario al que producen los organofosforados, lo cual sin duda puede salvarte la vida. Sin embargo, cuando no hay nada que contrarrestar, el portentoso antídoto se comporta como un veneno capaz de llevarte al coma o la muerte.

La historia de la atropina como veneno se remonta hasta la Antigüedad, cuando las bayas de belladona, una sola de las cuales es suficiente para matar a un niño, eran empleadas como veneno de evolución lenta que a menudo pasaba desapercibido. Se dice que Cleopatra trató de usarlo antes de decidirse por la alternativa del Aspid, y se sospecha que Livia, la intrigante esposa de Augusto, lo empleaba a destajo para quitar de en medio a los posibles competidores de su hijo Tiberio al trono imperial. Más recientemente, en los Estados Unidos se han producido muchas intoxicaciones de adolescentes que consumían una bebida hecha a partir de hojas de trompeta de ángel, un arbusto que contiene grandes cantidades de atropina. En cuanto a las actividades criminales, el caso más famoso del siglo XX fue el de Paul Agutter, un taimado profesor de Química escocés (no, no puedes fiarte de todos…) que en 1994 intentó quedarse con la herencia de su mujer haciéndole beber un *gin-tonic* envenenado con atropina.

El plan del pérfido Agutter era de lo más ingenioso. Consistía en adulterar una remesa de botellas de tónica para despistar, y a continuación suministrarle una de ellas, más tóxica que las otras, a la pobre Alexandria, que así se llamaba la buena señora, con un chorrito de ginebra. Como la atropina se metaboliza en seguida, una eventual autopsia no dejaría rastro. Por desgracia, y como prueba de que no existe el crimen perfecto, una de las botellas contaminadas fue a parar a la casa de un médico anestesista familiarizado con el envenenamiento por atropina que se mostró muy molesto cuando su esposa y su hijo enfermaron. Alertados por el especialista, los médicos ya estaban al loro cuando la señora

La atropina se extrae de la belladona y otras plantas de la familia *Solanaceae*.

Agutter fue ingresada, y les fue posible comprobar que su *gin-tonic* tenía más atropina que el resto de la remesa, lo cual apuntaba directamente hacia su marido, al que al final le cayeron doce añitos.

Pero no todos los venenos actúan como los que hemos visto hasta ahora, es decir, interfiriendo en el metabolismo del cuerpo humano, sino que algunos de los más modernos basan su toxicidad en el hecho de que son radiactivos. Los isótopos[38] radiactivos tienen un núcleo inestable, de modo que con el tiempo se desintegran emitiendo diversas formas de radiación, que pueden resultar extremadamente peligrosas. Cuando alcanza el cuerpo, la radiación interacciona con las grandes moléculas biológicas, y muy significativamente con el ADN, en el que inducen alteraciones que pueden acabar por destruir las células. La peligrosidad de una sustancia radiactiva depende de su naturaleza y de la dosis absorbida, aunque por lo general conviene alejarse de todas ellas si queremos evitar problemas.

Un isótopo radiactivo que últimamente ha saltado a la fama por ser empleado para enviar a la gente al otro barrio es el polonio-210, conocido desde los años sesenta por su presencia en el humo del tabaco, un inconveniente que causa cerca de doce mil muertos anuales. En el año 2006, el polonio, uno de los dos elementos radiactivos descubiertos por la genial Marie Curie[39], pasó a ser conocido por el gran público como consecuencia del envenenamiento de Aleksandr Litvinenko, un antiguo agente de la KGB que había estado investigando el asesinato de la periodista Anna Politkóvskaya, así como las relaciones del Kremlin con la mafia rusa, y que también había acusado a los servicios secre-

---

38 Los isótopos de un elemento químico son átomos de dicho elemento en cuyos núcleos hay una cantidad diferente de neutrones.

39 Marie bautizó al polonio en honor a su tierra natal, entonces repartida entre los Imperios alemán y ruso. Es muy probable que el fallecimiento por cáncer tanto de Marie como de su no menos genial hija Irene se produjese como consecuencia de la exposición de ambas al radio y, sobre todo, al polonio.

tos rusos de fomentar el terrorismo de Estado. De acuerdo con esto, el exespía habría sido envenenado con polonio-210, suministrado a través de una taza de té que consumió en un hotel de Londres durante una reunión con antiguos compañeros. Tras ser hospitalizado, el estado de salud de Litvinenko de deterioró rápidamente, falleciendo tres semanas más tarde como consecuencia de un síndrome agudo de radiación.

La rareza y difícil accesibilidad al polonio hacen que se trate de un veneno prácticamente reservado a los Estados soberanos, no en vano el Gobierno ruso se convirtió de inmediato en el principal sospechoso de andar detrás del asunto. Aunque las investigaciones oficiales concluyeron que la muerte se debió a causas naturales, otro país sobre el que se han arrojado sospechas de haber utilizado el polonio-210 para eliminar enemigos políticos es Israel, a cuyos servicios secretos se ha adjudicado, de acuerdo con algunas fuentes, el asesinato del líder palestino Yaser Arafat.

El presidente Jimmy Carter abandonando las instalaciones de Three Mile Island, Pensilvania, el 1 de abril de 1979.

EL CESIO CARIOCA, EL AGENTE NARANJA Y EL «TOP 5» DE LOS ASESINOS SIN PIEDAD

Por lo demás, y sin tener que referirnos a las armas atómicas, las sustancias radiactivas también han protagonizado importantes incidentes a gran escala con graves consecuencias para la salud y el medio ambiente, siendo los más conocidos los desastres de Three Mile Island, en EE. UU., de Chernobyl, en la antigua Unión Soviética, y más recientemente de Fukushima, en Japón. Sin embargo, menos conocido es el incidente de Goiania, en Brasil, en el que murieron cuatro personas y otras doscientas cuarenta y seis resultaron envenenadas a consecuencia de la radiación. El accidente fue consecuencia de una colección inaudita de negligencias, pero pone de manifiesto cuán peligroso resulta manipular las sustancias radiactivas sin tomar ninguna precaución.

Resulta que el Instituto Goiano de Radioterapia, una clínica privada de la mencionada localidad carioca, contaba con varias unidades de tratamiento a base de isótopos radiactivos, una de las cuales fue abandonada en el inmueble, de forma inexplicable, cuando en 1985 el instituto cerró. Dentro de un cilindro de plomo y acero, la unidad en cuestión contenía una pequeña cápsula de cloruro de cesio-137[40], que se había venido utilizando desde hacía años en las sesiones de terapia. En los dos años siguientes, el edificio fue visitado con regularidad por un gran número de personas, ya fuesen desocupados, chatarreros o personas sin hogar, hasta que finalmente, el 13 de septiembre de 1987, dos hombres escamotearon el aparato de radioterapia y se lo llevaron a su casa. Allí extrajeron la cápsula de cesio e intentaron abrirla, aunque sin éxito. Cinco días después, y tras haber experimentado náuseas y quemaduras que no atribuyeron al objeto

40 El cesio es un metal alcalino, del mismo grupo que el sodio o el potasio. El isótopo Cs-137 es extremadamente tóxico, con una vida media muy larga, y es la intensidad de su radiación la que lo hace muy útil en radioterapia.

en cuestión, se lo vendieron, junto con el resto de las piezas, a un chatarrero del vecindario.

Fascinado por el fantasmal resplandor azul emitido por la cápsula, el chatarrero convocó a sus amigos y familiares a contemplar la extraña sustancia luminosa, e incluso intentó hacerle un anillo con ella a su esposa. Tras abrir a martillazos la cápsula, muchas personas entraron en contacto con el cesio, resultando contaminadas y contribuyendo a propagarlo por toda la ciudad. La hija del chatarrero, por ejemplo, se untó el polvo por todo el cuerpo. Al cabo de unos días, varias de las personas que habían estado en contacto con el cesio comenzaron a enfermar, y la fuente de la radiación fue llevada a un hospital y posteriormente a un centro de análisis donde quedó confirmada la extrema peligrosidad de la muestra. Como consecuencia de la exposición al cesio, cuatro personas resultaron muertas, incluyendo la hijita del chatarrero, que tuvo que ser enterrada en un ataúd de plomo dentro de una carcasa de cemento, y a uno de los «exploradores» que se llevaron la fuente hubo que amputarle el brazo.

Helicóptero estadounidense fumigando con agente naranja sobre Vietnam. U.S. Army Operations in Vietnam R.W. Trewyn, Ph.D.

El desastre de Goiania, sin duda uno de los peores de la historia, supuso tres cargos por homicidio por negligencia a los médicos encargados del aparato de radioterapia, la retirada de varios centímetros de tierra en diversas zonas y la demolición de varias casas. También, un descomunal escándalo en el que se hizo evidente la necesidad de que las autoridades controlen estrechamente la situación y movimientos de cualquier fuente de radiación, y que le costó a la Comisión Nacional de Energía Nuclear de Brasil una fuerte compensación económica a las víctimas.

En ocasiones, tal y como hemos visto en el capítulo anterior al hablar de la guerra química, los venenos han sido utilizados por los Gobiernos de forma masiva, con vistas a obtener una victoria militar. Pero algunas de estas sustancias esparcidas adrede no tienen por objeto eliminar a la gente directamente, sino más bien impedir que se oculte o dificultar su adaptación al terreno. Tal es el caso de los herbicidas o agentes exfoliantes, en un principio pensados para combatir las malas hierbas pero que en manos de los militares pueden adquirir un carácter mucho más letal. Tal es el caso del famoso «agente naranja», muy utilizado por el Ejército de los Estados Unidos durante la guerra de Vietnam, y llamado así por el color de las franjas de los barriles utilizados para transportarlo.

El agente naranja era en realidad una mezcla al 50% de dos herbicidas, uno de los cuales contenía inadvertidamente cantidades significativas de TCDD[41], una dioxina muy tóxica. La idea del agente naranja era doble: por un lado, se trataba de defoliar grandes extensiones de terreno vietnamita para impedir que los guerrilleros pudieran esconderse; por otro, de privar a los campesinos de su sustento para que tuviesen que huir a las ciudades, privando así a las guerrillas

41 La 2,3,7,8-tetraclorodibenzo-p-dioxina se une a un receptor celular, alterando el metabolismo de ciertas proteínas. Fue responsable del desastre de 1976 en Seveso, en Italia, así como del envenenamiento en 2004 del candidato a la presidencia de Ucrania, Víctor Yuschenko.

de apoyo y suministros. En el transcurso de casi una década, se rociaron setenta y seis millones de litros de defoliantes en amplias zonas de Vietnam, Laos y Camboya. Solo en Vietnam del Sur, el 12% del total del país fue objeto de semejante pulverización, con al menos diez millones de hectáreas de suelo agrícola completamente destruidas. Fue una catástrofe sin precedentes en la historia que dejó gravísimas secuelas en la población civil, no solo debido a la enorme concentración de producto utilizada (en algunos casos decenas de veces superior a la que podría considerarse como segura), sino sobre todo por la negligente inclusión de la temible TCDD. Por desgracia, no ha sido hasta 2012 cuando el Gobierno estadounidense se ha involucrado en un programa de limpieza sobre el terreno.

Una de las consecuencias más sorprendentes que pueden extraerse de toda esta colección de desastres ambientales y delitos contra el prójimo es que, por extraño que pueda parecer, si dejamos al margen los compuestos organofosforados de los que hablábamos en el capítulo anterior, resulta que la mayoría de los sigilosos asesinos que han jalonado la historia de los envenenamientos son sustancias naturales, algo que contrasta fuertemente con la actual moda de que lo natural es bueno y lo artificial o procesado es malo, moda de la que por otra parte se aprovechan cumplidamente las multinacionales de alimentación y de cosmética. Y es que, en efecto, casi todos los peores tóxicos del planeta son completamente naturales.

En muchos aspectos, esto no resulta en absoluto sorprendente, pues no olvidemos que la evolución se ha encargado durante eones de equipar a los seres vivos con todo tipo de estrategias para cazar o quitarse de encima a los depredadores. Y en este sentido, el paralizar o simplemente liquidar a las presas y a los enemigos naturales parece una excelente opción. Así, tanto en el reino animal como entre las plantas o las bacterias encontramos algunas de las sustancias más ponzoñosas de las que tenemos noticia.

Si hiciésemos una lista del «top 5» de estos asesinos tendríamos que incluir sin falta a la ricina, una proteína que se extrae de las semillas del ricino y que tiene tanto propiedades aglutinantes como inhibidoras de los ribosomas[42]. Su dosis letal media es de tan solo 20 mg, lo que la convierte en un veneno terrible. En 1978, el disidente búlgaro Georgi Markov fue asesinado mediante un perdigón contaminado con ricina que fue disparado por una pistola de aire comprimido camuflada en un paraguas —el célebre «paraguas búlgaro»— mientras esperaba en la cola del autobús en Londres. Y más recientemente se han dado varios casos de cartas contaminadas con ricina enviadas al Capitolio y a la Casa Blanca.

Otras toxinas extremadamente peligrosas son la tetrodotoxina, presente en varias especies de pez globo, así como en otros animales y bacterias, la batracotoxina, un alcaloide producido por algunas ranas y ciertas aves, y la maitotoxina, exclusiva del dinoflagelado *Gambierdiscus tóxicus*. La primera es relativamente famosa como consecuencia de las intoxicaciones por consumo de *fugu*, esa *delicatessen* de la cocina japonesa que solo puede ser preparada por un chef especialmente entrenado, y también porque se ha especulado, sin demasiado fundamento, con que sus capacidades para inducir la parálisis estén detrás de muchos supuestos casos de zombis acaecidos en Haití. Pero más allá de la cultura popular, lo cierto es que se trata de una potentísima neurotoxina, dos miligramos de la cual son suficientes para matar a un hombre de ochenta kilos. En cuanto a la batracotoxina y la maitotoxina, se trata de moléculas que interfieren en los canales celulares del calcio, provocando la muerte con dosis letales medias del orden de pocos microgramos por kilo, e incluso menos en el caso de esta última.

42 Los ribosomas son complejos de proteínas y ácido ribonucleico (ARN) que se encargan de sintetizar todas las proteínas de la célula, a partir de la información contenida en el ADN.

La ricina se extra de las semillas de ricino, *Ricinus communis.*

Pero si la pregunta es cuál es la sustancia más peligrosa de la naturaleza, tal vez la respuesta sea la toxina botulínica (¡sí, el Botox®[43]!), otra neurotoxina producida por la bacteria *Clostridium botulinum*, un nanogramo de la cual es capaz de matar a una persona adulta. Esta fulminante sustancia no es otra cosa que una proteína que bloquea con tremenda eficacia la liberación de acetilcolina, un neurotransmisor necesario para la contracción muscular. La parálisis que provoca no es permanente, pero sí inmediata, y el consiguiente bloqueo de la respiración desemboca fácilmente en la muerte o en la aparición de graves lesiones neurológicas. Hasta hace poco, la principal relación de la humanidad con la temible toxina era la dolencia conocida como botulismo, una enfermedad que puede contraerse con relativa facilidad a través del consumo de alimentos contaminados con la bacteria, tales como carnes y pescados crudos o conservados mediante un salado o ahumado deficientes. Especialmente peligrosos son los embutidos, y también los productos enlatados que no han sido bien esterilizados. Para prevenir el botulismo, se utilizan conservantes alimentarios como los nitritos que, aunque también tienen ciertos inconvenientes para el ser humano, son incomparables haciéndole la pascua a la puñetera *Clostridium*. Por eso, cuando la gente habla hoy en día de «volver a lo natural» y consumir productos «sin conservantes», tal vez debería pensárselo dos veces.

Por otra parte, la demoníaca eficiencia de la toxina botulínica a la hora de paralizar músculos es lo que ha hecho que en los últimos tiempos vengamos a utilizarla con fines medicinales y cosméticos. En el primer caso, es muy útil para tratar las distonías, un grupo de trastornos neurológicos caracterizados por contracciones musculares involuntarias. Fue precisamente tratando una de estas dolencias cuando, de modo accidental, la doctora Jean Carruthers se percató en

---

43 Botox® es una marca registrada por la empresa estadounidense Allergan, pero existen muchas otras presentaciones de la toxina botulínica de tipo A para uso estético en el mercado.

1987 de la utilidad de la toxina con fines cosméticos, más concretamente para la eliminación de arrugas. En efecto, una pequeña inyección de la temible toxina en el lugar adecuado inhibe el movimiento muscular y acaba con la arruga, rejuveneciendo de esta forma el aspecto de la piel. Como ya hemos indicado, el efecto es temporal, de modo que al cabo de unos meses hay que renovar la dosis, aunque los efectos secundarios suelen ser de mínima importancia, de ahí su popularidad.

Por lo demás, y aunque no se conocen muchos casos de envenenamiento premeditado con la toxina botulínica, se sabe que varias naciones tienen o han tenido planes más o menos secretos para producirla en grandes cantidades con fines bélicos. Y ello a pesar de que su utilización para estos menesteres está terminantemente prohibida por las Convenciones de Ginebra y por la Convención sobre Armas Químicas. Pero ya se sabe lo que pasa con estas cosas: todos niegan el pecado mientras, a la chita callando, se preparan por si considerasen conveniente el pecar algún día.

Parte II

La química del bien

Para los que amamos la química, una de las etiquetas de propaganda que figuran últimamente en algunos de los alimentos que se venden en los supermercados resulta especialmente ofensiva, y hasta desagradable. Es esa que reza «libre de químicos». Al principio, uno se mosquea, pues no sabe si se están refiriendo a que el producto carece de productos químicos, o más bien a que en el establecimiento no se trabaja con ningún químico. Asumiendo que no se trata de discriminar al gremio, sino únicamente del uso de una expresión gramatical deficiente, la siguiente pregunta que uno se hace es: ¿cómo que libre de químicos? Cualquier alimento es en sí un compendio de sustancias químicas, de modo que, una vez más, parece que estamos ante una expresión incorrecta, ya que lo que realmente quieren decir es que al alimento en cuestión no se le añaden aditivos.

Ahora bien, dejando al margen que en casi todos los casos eso tampoco es verdad, la cuestión es qué tienen en realidad de malo los aditivos químicos. Y yo espero que leyendo los capítulos que figuran a continuación, llegue usted a la conclusión de que muy poco, o nada. En realidad, la historia de la alimentación de la humanidad desde la Revolución neolítica no es otra cosa que el relato de cómo nuestra especie se ha esforzado por seleccionar artificialmente, tratar de diversas formas, y añadirle diversas sustancias, a la comida, todo ello con vistas a producir más y conservarla mejor, de modo que podamos alimentar a la siempre creciente y en la actualidad gigantesca población de nuestro planeta.

En este empeño, la aplicación de los nuevos conocimientos en materia de química ha tenido una importancia capital, de la misma forma que también su papel ha sido preponderante en la progresiva protección de la salud humana y el combate sin cuartel de nuestra especie contra la multitud de dolencias de todo tipo que nos aquejan, muy particularmente en el caso de las enfermedades infecciosas, el dolor o el cáncer. Nuestro éxito en ese sentido es el éxito de la ciencia, un triunfo calificable de apoteósico que nos ha permitido llegar a alimentar a más de siete mil millones de personas, llevando al mismo tiempo su esperanza de vida al nacer desde los poco más de veinte años característicos de la Edad de Piedra a los más de ochenta de los que gozamos en la actualidad.

Pero es que, además de en la salud y en la alimentación, la química es el protagonista absoluto en la vestimenta, el transporte, la calefacción y el aire acondicionado, la construcción, la industria, la economía, o cualquier otra actividad humana que se nos pueda ocurrir, hasta el punto de que es imposible entender la civilización humana de hoy en día sin pensar en una disciplina que está por todas partes, impregnando nuestra existencia con su descomunal, casi infinito potencial para mejorarla. El mundo que nos rodea es química, pura química, y prácticamente nada más que química (bueno, también física y matemáticas, no se me vaya alguno a enfadar), puesto que incluso nosotros, los mismísimos seres vivos, no somos más que una forma muy compleja y elaborada de la misma.

En las páginas siguientes, y en la línea de mostrarle los aspectos más sugestivos de la historia de esta disciplina, encontrará usted un compendio de relatos que no son sino una muestra del incontable número de anécdotas que jalonan la trayectoria de la humanidad en su intento de protegerse, alimentarse y, en suma, de vivir un poco mejor. Conocerá a grandes benefactores, intrépidos investigadores y, cómo no, personajes controvertidos, con esa doble cara que casi siempre presentamos los miembros de la raza humana.

Disfrute de ellas, y la próxima vez que vaya usted al supermercado, procure que no le tomen el pelo.

La química que te cura

LA MEDICINA DE LOS *FRANY* Y EL POLVO MEDIEVAL

Desde tiempo inmemorial, los humanos nos hemos fijado en la naturaleza en busca de algún remedio para las múltiples dolencias que nos atormentan a lo largo de la vida. Por este motivo, siempre hemos estado trasteando con productos de origen animal, vegetal o mineral, en busca de alivio para nuestras enfermedades. Las hierbas y otras plantas, en particular, han sido fuente de innumerables remedios, algo que, después de todo, resulta bastante lógico dada la gran cantidad de principios activos que contienen.

Por supuesto, nuestros antepasados no sabían nada de esto, pero la experiencia de siglos les enseñaba que los extractos o las semillas de determinados vegetales tenían un efecto significativo sobre la fisiología de nuestro cuerpo. Así, plantas como la adormidera, el ruibarbo o la belladona comenzaron bien pronto su andadura como medicamentos. En las civili-

Réplica de *Papiro de Ebers,* 1875. Crédito:
Wellcome Collection . CC BY 4.0.

zaciones antiguas, llegaron a escribirse importantes tratados que incluían todo tipo de sustancias, como el *Papiro Ebers*, escrito en Egipto hacia el 1500 a. C., o el *De Materia Médica* de Dioscórides, obra del siglo I de nuestra era. En ocasiones, estas sustancias eran muy elaboradas, como la famosa triaca, utilizada desde la época helenística como antídoto para los venenos y que en tiempos más recientes (su empleo se extendió hasta el siglo XIX) llegó a incluir hasta setenta componentes de origen vegetal, mineral o animal, algunos, como la carne de víbora o el betún de Judea, ciertamente chocantes[44]. Los árabes recogieron la rica tradición del mundo clásico y la mejoraron a lo largo de la Edad Media, aunque, a decir verdad, los avances musulmanes en materia de farmacopea tardaron bastante en difundirse en el Occidente cristiano.

En efecto, y tomando en consideración la situación de la medicina occidental en el siglo XXI, resulta sorprendente contemplar el desastroso nivel de conocimientos existente en la cristiandad hace unos mil años, en plena época de las cruzadas. Así, mientras los sabios musulmanes se esforzaban por estudiar la naturaleza con un criterio que podríamos calificar de precientífico, utilizando como base los antiguos escritos de griegos y romanos que habían sido traducidos al árabe desde hacía siglos y haciendo gala de una observación cuidadosa y unos diagnósticos a menudo sorprendentemente precisos, los cristianos de los siglos XI y XII navegaban todavía entre las sombras de la brujería y la superstición, encomendándose a Dios y a los santos para que curasen sus enfermedades y empleando prácticas tan ridículas como a veces espantosas, con vistas a lograr la sanación.

---

44 Aunque tradicionalmente se le atribuye a Galeno, la invención de la tríada tiene sus raíces en el *mithridatum*, fruto de los experimentos de Mitrídates VI, rey del Ponto en el siglo II a. C., quien, obsesionado con que no lo envenenasen, probaba distintos antídotos con delincuentes convictos. El escritor romano Apiano cuenta la historia de que, tras probar él mismo numerosas sustancias, Mitrídates desarrolló una especie de inmunidad a los venenos que le impidió suicidarse cuando fue derrotado por Pompeyo.

Dioscórides describiendo la mandrágora de Ernest Board.
Crédito: Wellcome Collection CC BY 4.0.

Entre los innumerables ejemplos de la lamentable situación de la medicina occidental en la época de las cruzadas, ninguno mejor que la anécdota narrada en su día por Usama Ibn Munqidh, el perspicaz emir sirio que nos legó inolvidables testimonios de la época de los *frany* (francos) —así llamados por los musulmanes en referencia al país de origen del que procedían la mayoría de los invasores cristianos— y que recoge el gran escritor libanés Amin Maalouf en su excelente obra de imprescindible lectura, *Las cruzadas vistas por los árabes.* En ella, Usama nos cuenta cómo un galeno de la zona estaba curando con cierto éxito a un caballero que tenía un absceso en una pierna y a una mujer que se encontraba enferma, cuando apareció un médico franco que lo acusó de no saber tratarlos, tras lo cual,

> «... dirigiéndose al caballero le preguntó: «¿Qué prefieres, vivir con una sola pierna o morir con las dos?». Como el paciente contestó que prefería vivir con una sola pierna,

el médico ordenó: «Traedme un caballero fuerte con un hacha bien afilada». Pronto vi llegar al caballero con el hacha. El médico franco colocó la pierna en un taco de madera, diciéndole al que acababa de llegar: «¡Dale un buen hachazo para cortársela de un tajo!». Ante mi vista, el hombre le asestó a la pierna un primer hachazo y, luego, como la pierna seguía unida, le dio un segundo tajo. La médula de la pierna salió fuera y el herido murió en el acto. En cuanto a la mujer, el médico franco la examinó y dijo: «Tiene un demonio en la cabeza que está enamorado de ella. ¡Cortadle el pelo!». Se lo cortaron. La mujer volvió a empezar entonces a tomar las comidas de los francos con ajo y mostaza, lo que agravó su estado. «Eso quiere decir que se ha metido el demonio en la cabeza», afirmó el médico. Y, tomando una navaja barbera, le hizo una incisión en forma de cruz, dejó al descubierto el hueso de la cabeza y lo frotó con sal. La mujer murió en el acto. Entonces yo pregunté: «¿Ya no me necesitáis?». Me dijeron que no y regresé tras haber aprendido muchas cosas que ignoraba de la medicina de los *frany*»[45].

Los curiosos procedimientos medievales para curar enfermedades y sanar a los enfermos, de los que acabamos de ver un lamentable ejemplo, no eran ajenos a la alquimia, aunque por desgracia sus prácticas estaban también impregnadas de superstición y de pensamiento mágico. Así, los médicos de la época (llamados «físicos») proponían cosas, tales como el empleo del oro como remedio para las enfermedades, que hoy nos suenan de lo más extravagantes. Sin embargo, hay que tener en cuenta que, para la mayoría de los galenos medievales, los metales poseían propiedades curativas, y siendo considerado el oro el más perfecto y noble de ellos, no es de extrañar que lo viesen como un remedio muy eficaz. Así, por ejemplo, en el siglo XI Constantino el Africano

45 Maaluf, Amin (2012): *Las cruzadas vistas por los árabes*. Alianza Editorial.

Un *feldsher* (profesional de la salud pero no médico) realizando una amputación. Grabado de 1540.

escribía desde Sicilia que «el oro tiene la propiedad de aliviar un estómago dañado y reconforta a los temerosos y a aquellos que sufren de dolencias del corazón..., es eficaz contra la melancolía y la calvicie». Por supuesto, el oro tenía que ser suministrado en trocitos muy pequeños para que el cuerpo pudiese asimilarlo, y además debía mezclarse con otros componentes para dar lugar a lo que se consideraba como un buen medicamento. En este sentido, en el siglo X el cordobés Abulcasis explicaba cómo obtener polvo de oro para uso terapéutico frotando una pieza grande con un paño de lino y lavándolo en agua dulce. Esta costumbre medieval perduró durante el Renacimiento, ya que se conservan varias recetas de los siglos XV y XVI, una de las cuales es especialmente pintoresca. Dice así:

> «Toma las presentaciones de plata, cobre, hierro, plomo, acero, oro, calamina de plata y de oro, estoraque, de acuerdo con la actividad o inactividad del paciente. Ponlos en la orina de una niña virgen el primer día, el segundo día en vino blanco caliente, el tercer día en jugo de hinojo, el cuarto día en claras de huevo, el quinto día en la leche de una mujer que esté amamantando a una niña, el sexto día en vino tinto, el séptimo día en claras de huevo. Y ponlo todo en una retorta en forma de campana y destílalo a fuego lento. Y guarda el destilado en un recipiente de oro o plata».

Esta receta se suponía que era eficaz contra la lepra, las manchas de la piel, las enfermedades oculares, e incluso para prevenir el envejecimiento, pero había otras destinadas a cauterizar las heridas, donde el oro se consideraba que contribuía a que la curación fuese más rápida y completa. Asimismo, durante los siglos XVI y XVII se empleó el oro para recubrir píldoras de medicamentos con la esperanza de enmascarar su mal olor o sabor.

A medida que la ciencia médica progresaba, la utilización de los metales preciosos en medicina decayó hasta prácti-

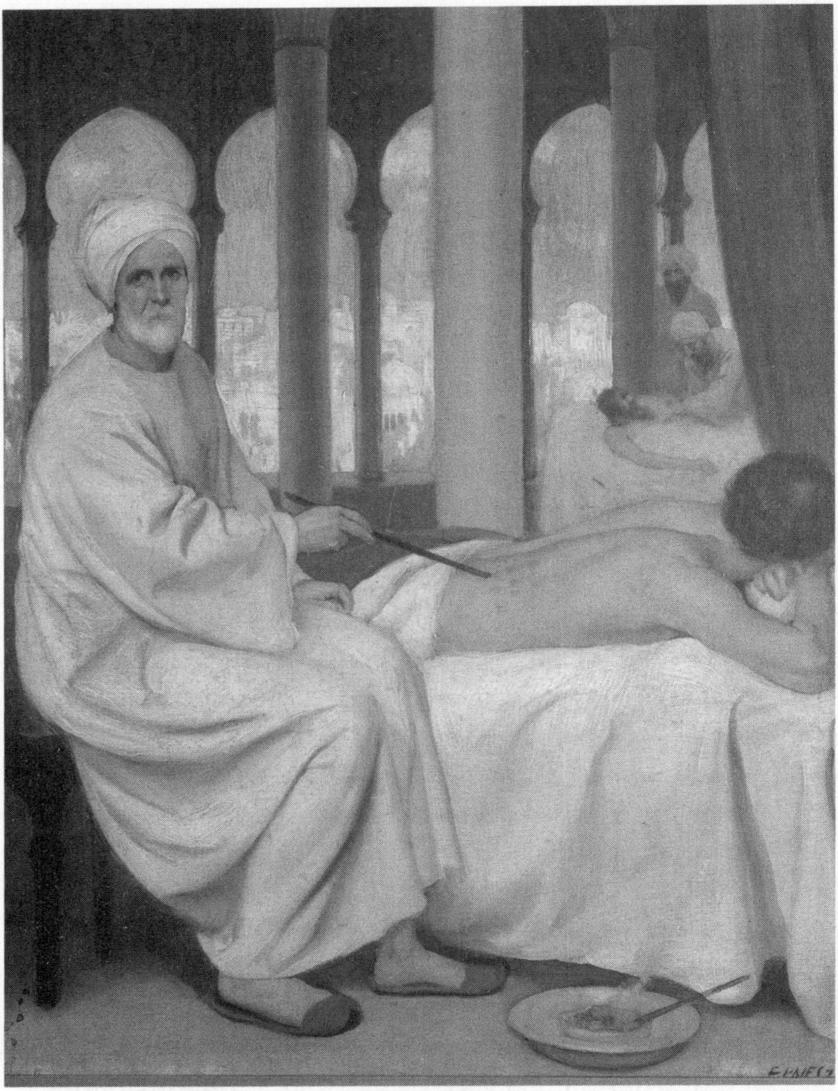

Albucasis abrasando a un paciente en el hospital de
Córdoba. Pintura al óleo por el tablero de Ernest.
Crédito: Wellcome Collection . CC BY 4.0.

camente desaparecer, aunque hoy en día parece estar resucitando de la mano de medicamentos contra la artritis reumatoide, la malaria, el SIDA o la enfermedad de Chagas. También podría usarse para la detección y tratamiento del cáncer en forma de nanopartículas, que en teoría podrían calentarse lo suficiente como para destruir las células cancerosas, aunque esta última aplicación todavía requiere el encontrar un revestimiento adecuado que permita al organismo asimilar correctamente el medicamento. De modo que, a fin de cuentas, tal vez los médicos de la Edad Media no anduviesen tan desencaminados.

VACUNAS, VITAMINAS Y EL PODER DE LAS «BALAS MÁGICAS»

En cualquier caso, con la llegada del Renacimiento las cosas fueron cambiando, con la introducción de conceptos como la iatroquímica, una corriente de pensamiento que combinaba la alquimia con la medicina, llevando a los nuevos galenos al convencimiento de que las enfermedades podían ser tratadas con pequeñas cantidades de ciertas sustancias. Abanderada por el polémico y pintoresco Paracelso, la iatroquímica se hizo muy popular durante los siglos XVI y XVII, y el advenimiento de la Revolución científica terminó de poner las bases sobre las que se edificaría la moderna farmacología.

Sin embargo, y curiosamente, la primera incursión verdadera de la ciencia moderna en el mundo de los fármacos no tuvo que ver con curar a las personas, sino más bien con evitar que enfermasen. En efecto, quizá el avance más importante de todo el Siglo de las Luces fuese la invención de las vacunas, ese sistema mediante el que se consigue inmunizar a las personas contra graves infecciones.

Desde hacía mucho tiempo, en ciertos lugares existía la práctica de prevenir la viruela en personas sanas mediante

Retrato de Lady Mary Wortley Montagu. Charles Jervas, *ca.* 1716.

la inoculación de restos de las pústulas de pacientes con síntomas leves de la enfermedad. Esta costumbre, extremadamente peligrosa, tenía su origen en la experiencia y hablaba por sí sola a gritos de la desesperación que provocaba esta espantosa enfermedad, que no solo mataba con saña, sino que muchos de los que sobrevivían a ella lo hacían con unas horribles cicatrices que los marcaban de por vida. En 1718, la aristócrata y viajera inglesa *lady* Mary Wortley Montagu había informado de que los turcos también acostumbraban a inocularse con pus procedente de las pústulas de viruela, e intentó introducir la práctica en Inglaterra, inoculando de hecho a sus propios hijos.

Varias décadas más tarde, el gran médico y naturalista Edward Jenner, quien desconfiaba del arriesgado método de los turcos, se dio cuenta de que las recolectoras de leche de la zona de Berkeley, en la que trabajaba, parecían sufrir una incidencia baja de viruela después de haber estado expuestas a la versión bovina, mucho menos peligrosa, como consecuencia de entrar en contacto con las lesiones de animales infectados. Del mismo modo, también se dio cuenta de que muchas reses parecían contraer la viruela vacuna a partir de una enfermedad similar que afectaba a los caballos.

De todo esto, Jenner dedujo que las formas de la viruela que afectaban a los caballos y a las vacas tenían que ser más débiles que la viruela humana, y que una vez contraídas, parecían proteger a los vaqueros de la terrible enfermedad, por lo que tal vez pudiese sustituirse con ellas el peligroso método importado por *lady* Montagu. Tras muchos años de experimentación, el 14 de mayo de 1796 llevó a cabo una de las pruebas más arriesgadas y trascendentales de toda la historia de la medicina. Extrajo pus de una pústula de la mano de Sarah Nelmes, una granjera que se había infectado con la viruela vacuna, y acto seguido se lo inoculó a James Phipps, un niño de ocho años. James desarrolló la enfermedad de una forma muy leve y, una vez completamente recuperado, Jenner le inyectó la temida viruela, a lo que el niño respondió sin dar síntoma alguno de enfermar.

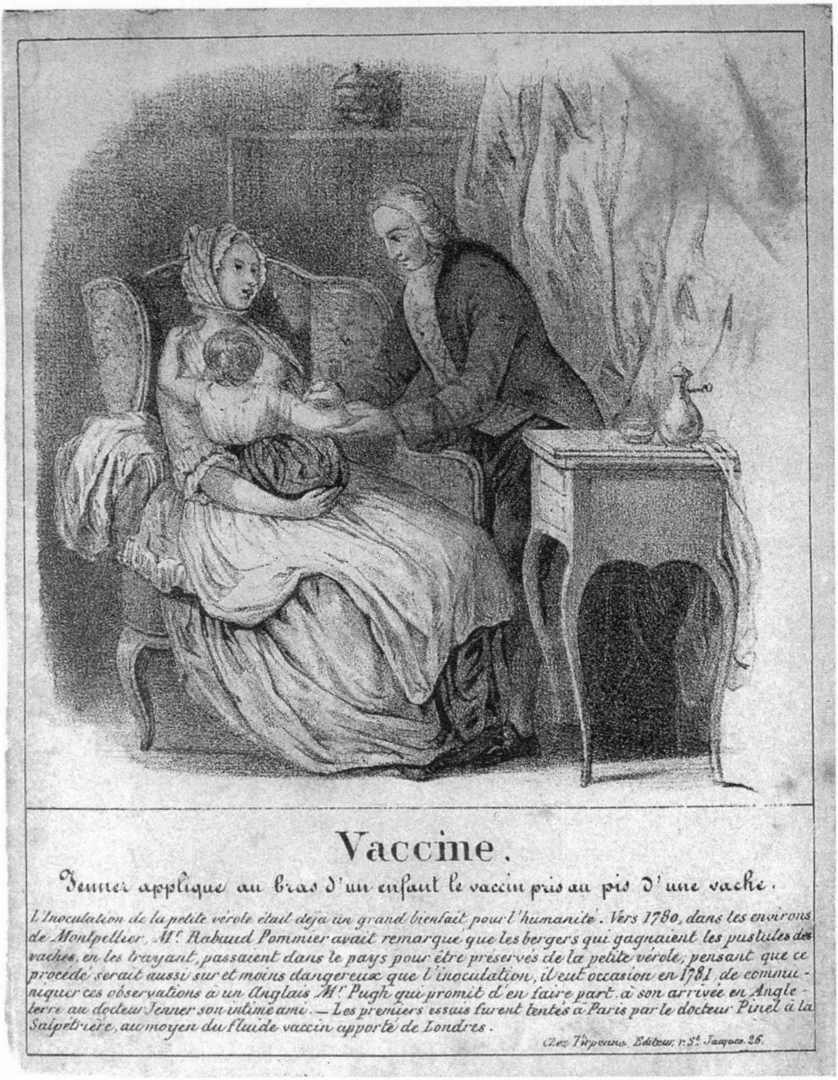

Vacuna. Jenner aplica en el brazo de un niño la vacuna que se toma en el peor de los casos de una vaca.
Crédito: Wellcome Collection. CC BY 4.0.

Era un resultado extraordinario. Al principio, algunos médicos conservadores y miembros de la Iglesia católica se opusieron al nuevo tratamiento, argumentando que la vacunación era contraria a los designios de Dios, pero en pocos años la práctica se había impuesto a lo largo y ancho del planeta, contribuyendo decisivamente a la erradicación de la otrora aterradora enfermedad. Convertido en una celebridad mundial, Jenner fue cubierto de honores, llegando a merecer el reconocimiento personal del presidente Thomas Jefferson y del mismísimo Napoleón Bonaparte.

Los experimentos del genial médico británico eran muy prometedores, pero el hecho de que era un auténtico adelantado a su tiempo se puso claramente de manifiesto cuando la siguiente generación de vacunas no llegó hasta la década de 1880, casi cien años después. El máximo responsable del despegue no fue otro que el gran químico y bacteriólogo francés Louis Pasteur, quien desarrolló vacunas para el cólera aviar, la rabia y el ántrax. En el caso de esta última, Pasteur llevó a cabo un espectacular experimento en la granja de Pouilly-le-Fort, en la que inoculó la enfermedad a treinta y un animales vacunados y veintinueve sin vacunar. Ninguno de los animales vacunados contrajo la enfermedad, mientras que entre los no vacunados murieron casi todos. Más trascendental resultó la introducción de la vacuna antirrábica en 1885, cuando Pasteur consiguió salvar al joven José Meister, que había sido mordido catorce veces por un perro rabioso, provocando la peregrinación a París de una legión de personas que también habían sido mordidas. Fue también Pasteur quien introdujo el término *vacuna*, en honor a Jenner, y quien dio el espaldarazo definitivo al invento. A finales del siglo XIX, el desarrollo de vacunas nuevas era motivo de orgullo nacional, y muchos países comenzaron a imponer campañas masivas de vacunación.

A lo largo del siglo XX, han sido puestas a punto muchas vacunas más, incluyendo las que previenen enfermedades tan devastadoras como la difteria o el tifus. Pero quizá la historia más conmovedora haya sido la de Jonas Salk, el médico y virólogo estadounidense quien, tras poner a punto la primera vacuna eficaz contra la poliomielitis, una terrible enfermedad que dejaba a los niños inválidos de por vida, renunció a una patente que lo habría convertido en multimillonario, declarando: «¿Se puede patentar el Sol?».

Louis Pasteur realiza una vacunación en Pouilly-le-Fort, en mayo de 1881.

Aunque existen muchos tipos de vacunas, todas ellas se basan en estimular la respuesta inmunitaria del organismo, que reacciona contra determinadas moléculas asociadas con el patógeno, ya sea un microorganismo muerto, una forma inactivada de la toxina que produce, o un virus debilitado. La bioquímica del cuerpo de la persona o animal vacunados desarrolla toda una batería de respuestas contra el invasor, de manera que, cuando este aparece de verdad, no tiene ninguna probabilidad de éxito. Las vacunas son particularmente eficaces en el caso de las enfermedades víricas, contra las que los antibióticos son completamente inútiles, y han salvado literalmente cientos de millones de vidas desde aquel lejano día de 1796 en el que el pequeño James arriesgó la suya. Por desgracia, en los últimos tiempos, ha aparecido en los países ricos un nuevo y extravagante movimiento «antivacunas» que está consiguiendo que enfermedades prácticamente erradicadas en Occidente, como el sarampión, estén volviendo a resurgir en determinadas zonas de Europa y Estados Unidos, un ejemplo de la facilidad con la que la gente, una vez acostumbrada a todo tipo de comodidades, olvida los estragos ocasionados en el pasado por algunos de los más viejos y enconados enemigos de la humanidad.

Un comerciante expresa su gratitud por
el descubrimiento del Dr. Salk.

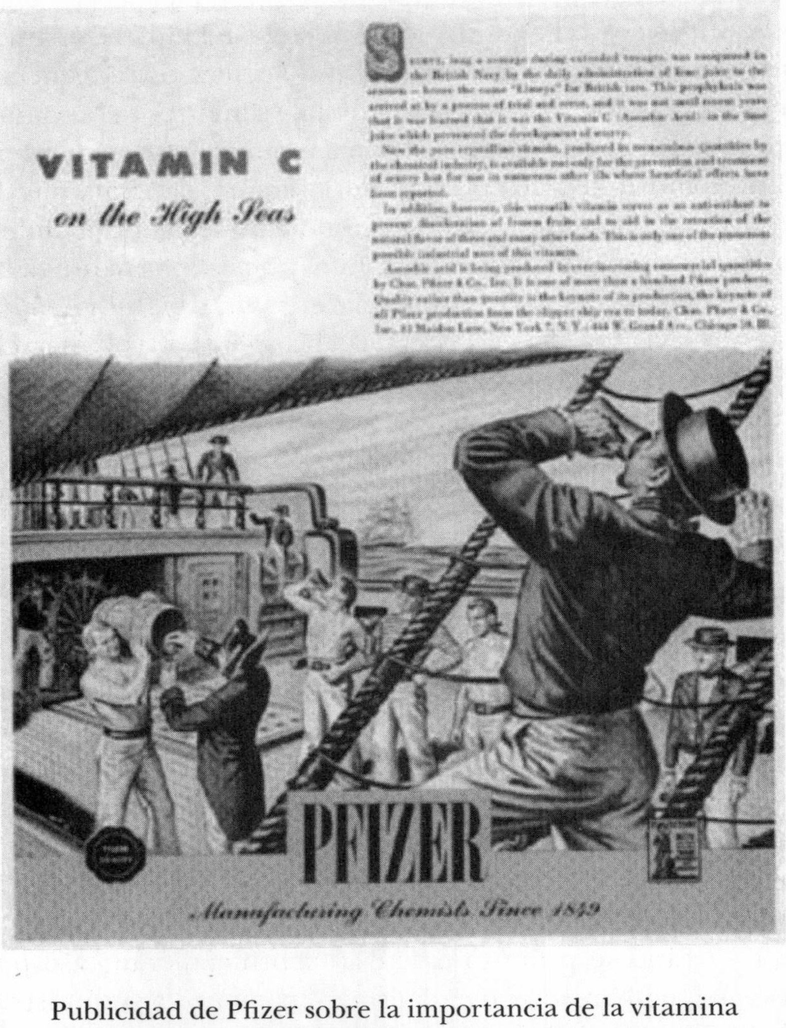

Publicidad de Pfizer sobre la importancia de la vitamina C. En 1880 comienza a fabricar ácido cítrico el cual se convierte en su producto más importante. En el año 1942 es la primera en producir penicilina a escala industrial y en 1950 desarrollaron la terramicina, un antibiótico sintético que cambió su política empresarial pasando de una compñía de químicos a una farmacéutica basada en la investigación.

Pero volviendo a lo que nos ocupa, el segundo regalo de la química a la medicina también tuvo que ver con la prevención, y en concreto con las llamadas enfermedades carenciales. Sucede que, junto con el agua, las proteínas, las grasas y los hidratos de carbono, el cuerpo necesita adquirir a través de la dieta una serie de sustancias para funcionar correctamente, ya que de no hacerlo es incapaz de fabricarlas por sí mismo y enferma. En este grupo de nutrientes esenciales se encuentran algunos minerales, como la sal, y, sobre todo, las vitaminas.

Las vitaminas son moléculas orgánicas de cierta complejidad que intervienen en importantes reacciones enzimáticas, y su deficiencia provoca graves enfermedades. Por ejemplo, a lo largo de los siglos, y muy especialmente tras la llegada de la navegación transoceánica, los marineros que pasaban mucho tiempo sin arribar a tierra desarrollaban escorbuto, una temible dolencia caracterizada por múltiples hemorragias, caída del cabello y de los dientes, que a menudo desembocaba en la muerte. Aunque obviamente nadie lo sospechaba, la pobre dieta del marinero provocaba invariablemente la carencia de vitamina C (ácido ascórbico), una molécula esencial para la síntesis del colágeno.

Hacia 1746, James Lind, un médico escocés perteneciente a la Royal Navy, venía observando que durante sus viajes cerca del 80% de los marineros fallecían o tenían que ser desembarcados por causa del escorbuto. Convencido de que la depauperada dieta de los infortunados tripulantes tenía algo que ver en el asunto, y dado que en aquella época la experimentación comenzaba a ponerse de moda, en mayo de 1747 Lind se propuso estudiar científicamente caso por caso. Así, embarcado en el Salisbury, comenzó a suministrar a los enfermos distintos tipos de alimentos, ya fuese vinagre, nuez moscada, limones o agua de mar. Pronto se dio cuenta de que los marineros que consumían cítricos no solo se recuperaban rápidamente, sino que no volvían a enfermar. Como consecuencia, y aunque la Armada británica tardó en convencerse de la utilidad de las conclusiones de Lind, a finales del siglo XVIII todas las flotas del mundo equipaban ya sus barcos con un buen suministro de fruta fresca.

En 1910 Suzuki logró extraer un complejo soluble en agua de micronutrientes del salvado de arroz y lo llamó ácido abérico, ya que curaba a los pacientes del beriberi. Publicó este descubrimiento en una revista científica japonesa pero en su traducción al alemán no se indicó que era de reciente descubrimiento y pasó desapercibido. Dos años más tarde Casimir Funk aisló el mismo componente y propuso que se denominara vitamina (del latín *vita* y *amina*).

Tras las indagaciones de Lind, hubo de transcurrir cerca de un siglo hasta que el médico holandés Christiaan Eijkman demostrase que el beriberi, una dolencia que afecta principalmente a los sistemas nervioso y cardiovascular, era también una enfermedad relacionada con la dieta, en concreto con el tipo de arroz consumido entre la población de las Indias Orientales Holandesas. En efecto, y a través de uno de esos extraordinarios golpes de fortuna que jalonan la historia de la ciencia, Eijkman se dio cuenta de que, en el hospital donde trabajaba, la llegada de un nuevo cocinero coincidió con que las gallinas con las que experimentaba pasasen a ser alimentadas con arroz con cáscara, en lugar de con arroz refinado, lo cual tuvo un efecto inmediato en la reducción de la incidencia de la enfermedad. En 1910, el japonés Umetaro Suzuki aisló el componente activo presente en la «cáscara protectora», que más tarde sería conocido como vitamina B1 (tiamina[46]). A partir de entonces, la ciencia ha descubierto hasta trece vitaminas necesarias para los seres humanos, así como los alimentos en los que se encuentran, con lo que muchas peligrosas enfermedades carenciales han podido ser afrontadas con plenas garantías de éxito. Además, hemos aprendido a sintetizarlas en el laboratorio, de modo que, en caso necesario, no necesitamos consumirlas directamente de los alimentos[47].

La siguiente gran contribución de la química al bienestar de los pacientes tuvo lugar durante el siglo XIX, en concreto en lo relativo a combatir el dolor. En 1804, el farmacéutico alemán Friedrich Sertürner consiguió un hito en la historia de los medicamentos al aislar por primera vez la morfina, el principio activo de aquel opio que la humanidad llevaba

46 La vitamina B1 interviene de forma esencial en el metabolismo de los hidratos de carbono. Su carencia no solo está relacionada con el beriberi, sino también con el síndrome de Wernicke-Korsakoff.

47 Por descontado, las vitaminas que se encuentran en los suplementos vitamínicos que nos receta el médico son exactamente iguales, desde el punto de vista químico, que las «naturales», y por consiguiente tienen el mismo efecto.

consumiendo durante milenios, y en 1828 su colega Johan Buchner extraía la salicina de la corteza del sauce, otro remedio conocido desde la noche de los tiempos[48]. Pero sin duda la aplicación más revolucionaria en esta materia fue la introducción de la anestesia, el procedimiento preoperatorio que terminaría con siglos de indecibles torturas.

Hacia principios del siglo XIX, las operaciones eran tan dolorosas que el mejor método conocido para paliar el sufrimiento del paciente no era otro que emborracharlo, prácticamente hasta que perdiese la consciencia. Como pueden imaginarse, el método no solamente era poco eficaz, sino que a menudo conducía a que el enfermo cayese víctima de un coma etílico, lo que desde luego no contribuía a mejorar las cosas. En su día, nuestro viejo conocido Paracelso, que ya había hecho una cierta incursión en estos menesteres creando el láudano, un preparado de opio disuelto en alcohol de gran popularidad, se había percatado de que cuando los pollos inhalaban una sustancia conocida como vitriolo dulce, no solamente se dormían, sino que parecían perder toda sensibilidad al dolor. Este descubrimiento había sido pasado por alto hasta que un joven médico estadounidense, Crawford Williamson Long (primo del pistolero Doc Holliday), se dio cuenta de que las personas que se encontraban bajo los efectos de lo que ya se conocía como éter no sentían ningún dolor al golpearse. El 30 de marzo de 1842, procedió a extirpar un tumor en el cuello de James M. Venable, el primer paciente de la historia tratado con anestesia[49], comenzando una trayectoria que ya no se detendría. Dos años más tarde, el dentista estadounidense Horace Wells experimentaba ¡sobre sí mismo! el óxido de nitrógeno («gas de la risa») como anestésico para la extracción dental, y a partir de 1848 se introdujo

48 A partir de la salicina se desarrollaron el ácido salicílico y, finalmente en 1897, el ácido acetilsalicílico, más conocido como aspirina.

49 En realidad, esto no es del todo cierto pues, en 1804, el médico japonés Hanaoka Seishū había utilizado estramonio para anestesiar a una paciente durante una mastectomía.

también la aplicación del cloroformo durante el parto, una práctica que se popularizó algunos años más tarde cuando John Snow lo utilizó con la reina Victoria durante el parto del príncipe Leopoldo de Sajonia-Coburgo-Gotha.

Como vemos, a mediados del siglo XIX la química estaba ya proporcionando soluciones eficaces en cuestiones muy importantes, tales como la prevención de enfermedades o el control del dolor, pero todavía distaba mucho de poder echar una mano con las infecciones, el asesino responsable de matar a la mayor parte de los humanos devastando poblaciones enteras desde tiempo inmemorial. Era cierto que las vacunas empezaban a ejercer su labor de prevención, pero todavía había muy pocas y, una vez se adquiría la enfermedad, la medicina poco podía hacer para combatirla, más allá de tratar de mejorar los síntomas y fortalecer al paciente. En los conflictos armados, moría más gente por culpa de las infecciones que como consecuencia de los combates, y casi todas las familias contaban entre sus filas con varios niños que habían fallecido a corta edad.

La desesperación asociada a las infecciones, y sobre todo a las epidemias, tenía mucho que ver con la falta de conocimiento acerca de lo que las provocaba. Por eso, el descubrimiento de que eran causadas por microorganismos desencadenó a finales del siglo XIX una auténtica carrera por desarrollar algún tipo de «bala mágica», capaz de acabar con ellos de una vez por todas. Este desarrollo parecía ya viable desde 1828, cuando Friedrich Wholer consiguió sintetizar la urea, demostrando que el desarrollo de nuevos fármacos en laboratorio basados en moléculas orgánicas era una auténtica posibilidad. Hasta entonces, se pensaba que las sustancias orgánicas solo podían ser fabricadas por los seres vivos, lo que limitaba el empleo de la química en medicina a moléculas sencillas, la mayoría de ellas sin demasiado potencial.

El primer éxito resonante de la nueva química orgánica contra los microorganismos fue la arsfenamina, un compuesto basado en el carbono y el arsénico, puesto a punto por el bacteriólogo alemán Paul Ehrlich y comercializado a partir de 1910 con el nombre comercial de Salvarsán. La arsfenamina era bastante eficaz contra la sífilis, una enfermedad venérea que llevaba siglos causando estragos entre los varones, pero tenía el inconveniente de ser tóxica en dosis elevadas, debido a la presencia del arsénico. Y lo que era peor, su éxito desató la moda de usar otros compuestos del ponzoñoso elemento que también lo eran. Por lo demás, Erhlich se convirtió en un auténtico pionero del uso de fármacos contra las infecciones al utilizar también un colorante, el rojo de tripano, para curar la enfermedad del sueño.

Pero al margen de Erhlich, en las primeras décadas del siglo XX no hubo muchas más noticias reseñables en materia de «balas» contra los microorganismos, no siendo hasta finales de 1935 cuando el microbiólogo alemán Gerhard Domagk tomó la desesperada decisión de inyectar otro colorante a su hija de seis años sin esperar a los resultados de los ensayos clínicos en humanos, para evitar que, como consecuencia de una grave infección bacteriana, hubiese que amputarle un brazo. La idea podía parecer una locura, pero Domagk sabía que el prontosil rubrum —pues así se llamaba la sustancia— tenía que tener una potente actividad bactericida ya que los ratones tratados con él sobrevivían a ciertas infecciones. El caso es que el arriesgado tratamiento salió bien, y científicos del Instituto Pasteur consiguieron demostrar que la razón de que el colorante funcionase radicaba en que, una vez dentro del organismo, se transformaba en una molécula farmacológicamente activa, la sulfanilamida, un ejemplo de «bioactivación», concepto hoy en día clave en la medicina moderna.

La sulfanilamida fue la primera de las sulfamidas, los primeros medicamentos verdaderamente eficaces contra las infecciones bacterianas, que durante la Segunda Guerra Mundial salvarían de la gangrena a decenas de miles de soldados con heridas infectadas. Durante la segunda mitad de los años treinta y la totalidad de los años cuarenta, los nuevos fármacos mágicos evitaron la muerte de millones de personas, algunas de ellas tan famosas como Winston Churchill. Sin embargo, las sulfamidas no estaban exentas de problemas. En primer lugar, eran medicamentos bacteriostáticos, más que bactericidas[50], lo cual limitaba tanto su potencia como su alcance, y además pronto se abusó de ellos. En los Estados Unidos, por ejemplo, su uso indiscriminado desembocó en el desastre del «elixir sulfanilamida», una mezcla del medicamento con anticongelante que mató a más de cien personas.

Sin embargo, pronto un nuevo y mucho más potente tipo de droga iba a acabar con el breve reinado de las sulfamidas. Aunque siempre se atribuye a Alexander Fleming el descubrimiento del primero de los antibióticos, las propiedades bactericidas de algunos hongos eran conocidas y aprovechadas a lo largo del planeta desde muy antiguo. Los árabes, en concreto, trataban las heridas con el moho que se formaba con el tiempo en los arneses de cuero de los animales, y muchos médicos y naturalistas a partir del siglo XVII comenzaron a experimentar con ellos.

Hacia mediados de 1928, Fleming llevaba tiempo buscando sustancias bactericidas que pudiesen continuar el éxito del salvarsán. Según él, en la mañana del viernes 28 de septiembre se encontraba en el sótano del laboratorio del Hospital St. Mary en Londres, tirando unos cultivos que se habían estropeado mientras estaba de vacaciones, cuando observó que en uno de ellos las bacterias habían desaparecido alrededor del hongo que lo había contaminado. Fleming comprendió de inmediato que el hongo tenía que estar segregando algún tipo de sustancia que atacaba a las bacterias. Sin embargo, y aunque continuó trabajando en el asunto durante años, el científico escocés no profundizó demasiado, por lo que hubo que esperar a que el equipo del farmacólogo australiano Howard Walter Florey se dedicase a cultivar el hongo *Penicillium notatum* a una escala suficiente como para que en 1939 el bioquímico Norman Heatley consiguiese purificar la penicilina, el primer antibiótico propiamente dicho de la historia.

---

50 Un fármaco bactericida acaba con las bacterias, mientras que uno bacteriostático solamente inhibe su reproducción.

Alexander Fleming.

Dos años después, y una vez conseguida suficiente penicilina, el agente de Policía Albert Alexander se convirtió en el primer paciente del mundo tratado con el nuevo fármaco. Alexander mejoró de su infección a ojos vista, aunque por desgracia terminó falleciendo cuando se acabó el escueto suministro de la droga. Al comenzar la Segunda Guerra Mundial, y debido a las dificultades de su país para desarrollar una producción industrial, los científicos británicos se trasladaron a Estados Unidos donde, en noviembre de 1941, pudo por fin encontrarse un método eficaz y viable para la producción en masa de la penicilina. La historia de lo que sucedió durante aquellos azarosos meses es tan rocambolesca como fascinante, con Florey y Heatley frotando el hongo en los pliegues de sus trajes para no arriesgar que los viales fuesen confiscados por los alemanes y Mary Hunt, la célebre «Mouldy Mary»[51], localizando en una localidad de Illinois un melón cantaloupe infectado por un hongo, *Penicilium Chrysogenum*, que multiplicaba por diez la producción de penicilina. En 1946, el precio de la nueva «bala mágica» bajó hasta 0,55 $ por dosis y el mundo no volvió a ser el mismo. El impacto de la penicilina y sus derivados sobre las enfermedades infecciosas fue descomunal, al convertir en casi trivial el tratamiento de espantosas dolencias que, como la peste[52], habían atormentado a la humanidad durante milenios.

Con el tiempo, se han desarrollado muchos otros antibióticos con mecanismos de actuación diferentes a la penicilina, pero igual de eficaces, lo que ha hecho que la gran mayoría de las antaño temibles infecciones bacterianas,

---

51 Mary la Mohosa era una bacterióloga que trabajaba para el Departamento de Agricultura de Estados Unidos en Peoria, una localidad del Estado de Illinois, y que con su descubrimiento contribuyó de manera capital a la producción en masa del potente antibiótico.

52 Para hacernos una idea de lo que supuso para la humanidad el poder combatir la peste con eficacia, baste decir que durante la gran epidemia de 1665-1666, desapareció la quinta parte de la población de Londres, y que durante la peste negra del siglo XIV se calcula que la enfermedad aniquiló al menos... ¡a la mitad de la población europea!

que en muchos casos suponían prácticamente una sentencia de muerte, hayan pasado a estar bien controladas. Sin embargo, el abuso en la utilización de los antibióticos (abandono del tratamiento al notar la mejoría, prescripción para combatir enfermedades víricas para las que los antibióticos son completamente inútiles y sobreutilización en ganadería) ha provocado la aparición de cepas bacterianas resistentes, en algunos casos a todos los antibióticos conocidos, siendo necesarios, cada vez más, auténticos «cócteles de antibióticos» para combatirlas. Así, el desarrollo de nuevos fármacos contra nuestros pequeños y tradicionales enemigos es una cuestión que está más de actualidad que nunca.

BOMBAS PARA LA QUIMIOTERAPIA Y ELEMENTOS CONTRA EL TRASTORNO MENTAL

Al margen de las infecciones, y como consecuencia del desarrollo de la gran industria farmacéutica, el siglo XX y el XXI han sido testigos de una avalancha de nuevas moléculas diseñadas para combatir muchas enfermedades diferentes, algo que junto con las mejoras generalizadas en higiene y salubridad está sin duda detrás de la formidable explosión demográfica de las últimas décadas. Pero entre todos los nuevos fármacos, quizá pocos hayan sido más cruciales que los desarrollados para combatir el cáncer, la nueva pesadilla de la raza humana[53].

---

53 Hasta hace unas décadas, el cáncer era poco relevante como factor que ocasionase la muerte de las personas, ya que la mayoría de ellas no vivían lo suficiente como para desarrollarlo. Sin embargo, el desplome de los fallecimientos como consecuencia de las enfermedades infecciosas a edades tempranas hace que la frecuencia del cáncer, que se vuelve mucho más habitual a edades más avanzadas, haya aumentado hasta situarse como la segunda causa de muerte en el mundo desarrollado, únicamente por debajo de las dolencias que afectan al aparato circulatorio.

Cuando repasábamos la relación entre la química y la guerra ya hablamos del gas mostaza, ese simpático producto introducido durante la Primera Guerra Mundial para causarle serias dificultades al enemigo. Paradójicamente, y por extraño que pueda parecer, fue un incidente relacionado con esta sustancia el que se convirtió, por una de esas curiosas carambolas del destino, en el acta fundacional de la quimioterapia contra las células cancerosas.

A principios de diciembre de 1943, el USS Liberty, un carguero americano repleto de explosivos y de gas mostaza, se encontraba en el puerto italiano de Bari junto con otros barcos que transportaban suministros a las tropas aliadas cuando, en la tarde del día 3, un puñado de bombarderos alemanes atacaron por sorpresa, alcanzando al Liberty y haciéndolo explotar. Como consecuencia, se desprendió una nube de gas mostaza (ver capítulo de «La química beligerante») que envolvió todo el puerto, provocando el envenenamiento de un buen número de personas. Entre los presentes, se encontraba el doctor Cornelius Rhoads (1898-1959), un destacado investigador norteamericano en el campo de la anemia y de la leucemia que formaba parte de la División de Armas Químicas del Ejército de Estados Unidos y que participó en la tarea de prestar atención a los intoxicados.

Al analizar las células de la sangre de los afectados, a Rhoads le llamó la atención el hecho de que a los pocos días de la exposición al gas todos los tipos de glóbulos blancos quedaban prácticamente aniquilados, dando un recuento que se acercaba a cero, en tanto en cuanto el resto de las células y tejidos no parecían estar dañados. ¿No sería el gas mostaza un tóxico específico para los glóbulos blancos? De ser así, tal vez se pudiera estar frente a un tratamiento eficaz contra la leucemia, una enfermedad caracterizada por una producción excesiva de este tipo de células.

Puesto manos a la obra, el oncólogo norteamericano llevó a cabo una serie de ensayos clínicos secretos con la mecloretamina, un derivado de la mortal sustancia que utilizaban los militares. A los pocos meses, tanto él como otros colegas demostraron la eficacia del tratamiento con este fármaco en enfermos con linfoma de Hodgkin y otros tipos de leucemia. Era la primera vez en la historia de la medicina que un compuesto químico se mostraba efectivo para combatir el cáncer, de manera que cuando los resultados de los ensayos se hicieron públicos dieron lugar al comienzo del desarrollo de lo que más tarde sería conocido como quimioterapia.

Durante el resto de su vida, Rhoads se convirtió en una eminencia en la lucha contra el cáncer, siendo también un pionero de la radioterapia y acumulando honores y distinciones. Sin embargo, cierto incidente relacionado con varias cartas desafortunadas de tintes racistas que envió en 1931 mientras trabajaba en Puerto Rico dio lugar a una polémica que, con ciertos altibajos, le acompañó durante el resto de su vida. Aunque las investigaciones que se llevaron a cabo exoneraron al oncólogo de las sospechas de haber cometido crímenes durante sus tratamientos de aquella época, nada pudo evitar que se estropease la reputación del hombre que convirtió un oscuro bombardeo de la Segunda Guerra Mundial en el amanecer de una especialidad que ha salvado millones de vidas desde aquella lejana tarde de 1943.

Ahora bien, ¿qué hay de las enfermedades mentales? Durante gran parte de la historia de la humanidad este tipo de dolencias ha sido quizá la más sujeta a todo tipo de elucubraciones de índole místico-religiosa, con la gente asegurando que los enfermos estaban poseídos por el demonio, entre otras lindezas por el estilo. Se huía de las personas trastornadas como de la peste, y no hay duda de que muchas historias de exorcismo, vampirismo, licantropía o zombis tienen su origen en manifestaciones de esta clase de enfermedades.

Pero, curiosamente, ya en la Antigüedad algunas mentes más espabiladas de la cuenta habían sospechado que detrás de los trastornos mentales tal vez hubiese un problema más terrenal. Y si no se trataba de nada sobrenatural, la química podría combatirlo. Entre estos espíritus inquietos se encontraba Areteo de Capadocia, un hombre que debió ser extraordinario, aunque casi no sepamos nada de él. Contemporáneo de Nerón, escribió fantásticas obras de medicina, algunas de las cuales nos han llegado hasta la actualidad. Entre sus muchas contribuciones, fue un pionero en el estudio sistemático de los trastornos neurológicos, una actitud muy alejada de la entonces habitual, consistente en abrumar a los enfermos con conjuros y purificaciones.

El inteligente Areteo estaba convencido de que los desórdenes mentales tenían su origen en causas físicas, que podían ser tratadas como cualquier otra enfermedad. Y por increíble que pueda parecer, pudo ser el primero en darse cuenta de que los episodios intensos de manía y depresión que afectaban a algunas personas no eran en realidad sino manifestaciones distintas de una única enfermedad. Además, el observador médico capadocio examinó cuidadosamente las condiciones de estos enfermos y pronto se percató de que ciertas aguas medicinales los mejoraban. Por lo que sabemos de sus descripciones, es casi seguro que se trataba de agua con un alto contenido en litio, un metal alcalino que tardaría muchos siglos en ser descubierto[54]. No sabemos todavía a ciencia cierta por qué los compuestos de litio son capaces de curar ciertas mentes enfermas, pero las investigaciones apuntan hacia una interferencia en los canales celulares del sodio, el bloqueo del bombeo de calcio y la liberación de dopamina, acciones que redundan en la estabilización de procesos neuronales que en el caso de muchos trastornos se encuentran bastante descontrolados.

Pero al morir Areteo, sus asombrosos conocimientos se desvanecieron, como tantos otros, entre las brumas del tiempo, de modo que tuvieron que pasar… ¡mil ochocientos años!, hasta que a finales del siglo XIX se redescubrió la eficacia de sales como el carbonato o el citrato de litio para calmar a los

54 El átomo de litio es muy pequeño, por lo que junto con el hidrógeno y el helio es el único elemento químico que se produjo en cantidades apreciables durante el Big Bang. De hecho, su nombre en griego quiere decir «piedrecita». Es ligero, y tiene propiedades eléctricas muy particulares, como demuestra la ubicuidad de las modernas baterías de iones de litio.

pacientes durante sus episodios de manía. Más tarde, se añadieron otras indicaciones terapéuticas para el tratamiento de otros tipos de depresión y de ciertos trastornos de la personalidad. Sin duda, las sales de litio son un fármaco completamente imprescindible en la psiquiatría de hoy en día.

Sin embargo, la gran capacidad del litio para interferir con el sodio dentro del organismo convierte a las sales del prodigioso metal alcalino en sustancias potencialmente tóxicas, de modo que el tratamiento requiere de un continuo seguimiento de su concentración en la sangre para evitar la deshidratación y los problemas renales. Además, su empleo prolongado puede terminar provocando cambios a nivel renal y desembocar en la diabetes insípida, por lo que solo debe usarse de forma prolongada con mucha precaución. De hecho, muchos países tardaron bastante en autorizar las sales de litio para el tratamiento del trastorno bipolar (en Estados Unidos no fue autorizado hasta 1970) como consecuencia del significativo número de muertes por sobredosis. Y eso que su uso como aditivo alimentario se había puesto de moda en las primeras décadas del siglo XX, con refrescos como el Bib-Label litiado Lemon-Lime Soda, que más tarde sería conocido como 7Up, o el carbonato como sustituto de la sal de mesa, una práctica poco recomendable para personas aquejadas de insuficiencia cardíaca. En cualquier caso, es evidente que este elemento se apunta un buen tanto echándonos una mano en el tratamiento de mentes enfermas, algo que, sin saber demasiado de química, ya sospechaba el gran Areteo de Capadocia dos mil años antes que usted y que yo.

Pero el éxito del litio no implica que todo lo que haya hecho la química para controlar el comportamiento haya sido bueno. Por el contrario, en algunas ocasiones ha sido, cuando menos, polémico. Tal es el caso de otra sal, el bromuro de potasio, un fármaco capaz de combatir las convulsiones que resulta eficaz contra las manifestaciones de la epilepsia. El primero y más entusiasta de los paladines del bromuro no fue otro que *sir* Charles Locock, ginecólogo de la reina Victoria, quien llamó la atención sobre sus propiedades en 1857. El problema es que en aquella época se pensaba que la epilepsia era consecuencia de la masturbación (!), y dado que el bromuro parecía aplacar también la excitación sexual, al bueno de Locock no se le ocurrió otra cosa que recomendarlo encarecidamente para calmar casi cualquier tipo de alteración nerviosa.

Fotografía de Charles Locock en 1862.

A raíz de las recomendaciones del enormemente influyente ginecólogo real, el éxito del bromuro como calmante fue fulminante. Durante la segunda mitad del siglo XIX, se utilizaron en los hospitales de medio mundo cantidades ingentes de esta sustancia, llegando a darse el caso de hospitales que consumían literalmente toneladas de bromuro cada año. El continuo uso del fármaco provocaba en los pacientes toxicidad crónica acompañada de importantes efectos secundarios, pero la ausencia de alternativas para tratar la epilepsia hasta la llegada del fenobarbital[55], un barbitúrico mucho más efectivo, hizo que el abuso en el consumo de bromuro de potasio continuase hasta el final de la Primera Guerra Mundial. A este respecto, hay una conocida leyenda urbana según la cual a los soldados del Ejército británico se les suministraba con cierta frecuencia bromuro en el té, con objeto de calmar sus apetitos sexuales. En cualquier caso, la venta de bromuro sin receta se mantuvo hasta los años setenta, y hoy en día se sigue utilizando en algunos países para el tratamiento de casos severos de epilepsia y como fármaco de uso en veterinaria.

Como pueden ver, la historia de los medicamentos está llena de luces y de sombras, aunque hay mucho más de lo primero que de lo segundo. Y lo más importante: uno podría preguntarse si únicamente han sido personas del talento de Areteo, Eijkmann, Florey o Rhoads los únicos responsables de que vivamos más sanos y durante más tiempo. Pero la respuesta es que no. En honor a la verdad, y a fin de cuentas, toda la química lo ha sido. Así que nunca se olvide de que es muy probable que tanto usted como yo sigamos vivos gracias a que un buen día a los humanos nos dio por darle la espalda a la naturaleza y convertirnos en alquimistas para burlar a la enfermedad.

---

55 El fenobarbital tiene su propia historia oscura, ya que cuando los nazis se hicieron con el poder utilizaron esta sustancia para asesinar sin contemplaciones a todos los niños que nacían enfermos o con deformidades físicas (Operación T-4).

La química que te alimenta

DEL SALARIO Y LAS CONSERVAS, AL AGUA DE VIDA DE RAMÓN Y ARNAU

Hoy en día tanto los anuncios de televisión como los que pululan por Internet están repletos de reclamos hacia lo natural, muy especialmente en todo lo referente a la alimentación. Así, «coma natural», «lo más natural» o «la forma más natural de comer» están a la orden del día, olvidando que la forma más natural de alimentarnos fue, durante muchos, pero que muchos milenios, comer básicamente raíces y carne o pescado crudos.

En efecto, un acto tan habitual y cotidiano hoy en día como cocinar los alimentos no es sino una transformación química, tal vez la primera que llevó a cabo nuestra especie, que tiene por objeto el mejorar la alimentación. La carne cocinada, por ejemplo, sabe mucho mejor y se digiere con bastante más facilidad que su homóloga cruda como consecuencia, entre otras cosas, de la desnaturalización de las grandes moléculas biológicas por causa del calor. Si encima el método utilizado es el asado, la carne queda recubierta de una suculenta capa de color parduzco, fruto de la llamada reacción de Maillard, en realidad un conjunto de reacciones químicas en las que los aminoácidos reaccionan con los azúcares sometidos a la acción del fuego.

La reacción de Maillard es la causante del color marrón del pan tostado.

Como vemos, en materia de alimentación nuestra especie se alejó de «lo natural» en cuanto tuvo la oportunidad, y no solo lo hizo para procesar los alimentos, sino también para conservarlos. De este modo, desde tiempo inmemorial los hombres hemos echado mano del frío y de la sal común (cloruro sódico) para intentar mantener nuestros alimentos en buen estado. En el caso de esta última, estamos ante el primer caso documentado de la utilización directa de un producto químico para alterar las propiedades de los alimentos, no solo en cuanto al sabor sino también en cuanto a la conservación. De hecho, la salazón de la carne y, sobre todo, del pescado, han sido empleados universalmente por todas las culturas del planeta, de forma que puede decirse que a lo largo de la historia de la humanidad la comida nunca ha estado realmente (gracias a Dios) «libre de conservantes»[56].

Tan importante llegó a ser la sal, tanto como alimento propiamente dicho (el sodio es esencial para el funcionamiento del organismo debido a su papel en el impulso nervioso y en el mantenimiento de la presión osmótica) como condimento y conservante de los alimentos, que el suministro de sal ha determinado la ubicación de asentamientos humanos, así como el desencadenamiento de conflictos armados y hasta de rebeliones en contra de los impuestos[57]. En la antigua Roma, cuando los soldados romanos construyeron la vía Salaria, recibieron a cambio un *salarium* y, a partir de entonces, la costumbre de pagar a las tropas con un puñado de sal se extendió hasta el punto de que hasta nuestros días ha llegado la palabra *salario.*

Al igual que el empleo de la sal, todos los métodos tradicionales para evitar que la comida se estropease tenían inevitablemente un trasfondo químico, ya sea mediante el uso de la miel (fundamentalmente una mezcla de hidratos de carbono en agua), del azúcar, o del ahumado de la carne y el pescado. En el siglo XVI, el ahumado de la carne en la isla de la Española (*bu canear*) para vendérsela a los barcos que navegaban por el Caribe estuvo tan extendido entre los

56 Entre los reclamos publicitarios más de moda, se encuentra la comida libre de conservantes, como supuesta prueba de que los alimentos de tal o cual marca serían más sanos. Por descontado, no tienen por qué serlo, ya que los conservantes industriales no solo han pasado pruebas exhaustivas que garantizan su inocuidad, sino que la razón por la que se utilizan es la misma que la sal, proteger los alimentos frente al ataque de microorganismos peligrosos.

57 Una protesta célebre relacionada con los impuestos sobre la sal fue la denominada Marcha de la sal en la India, liderada en 1930 por Mahatma Gandhi contra el Imperio británico.

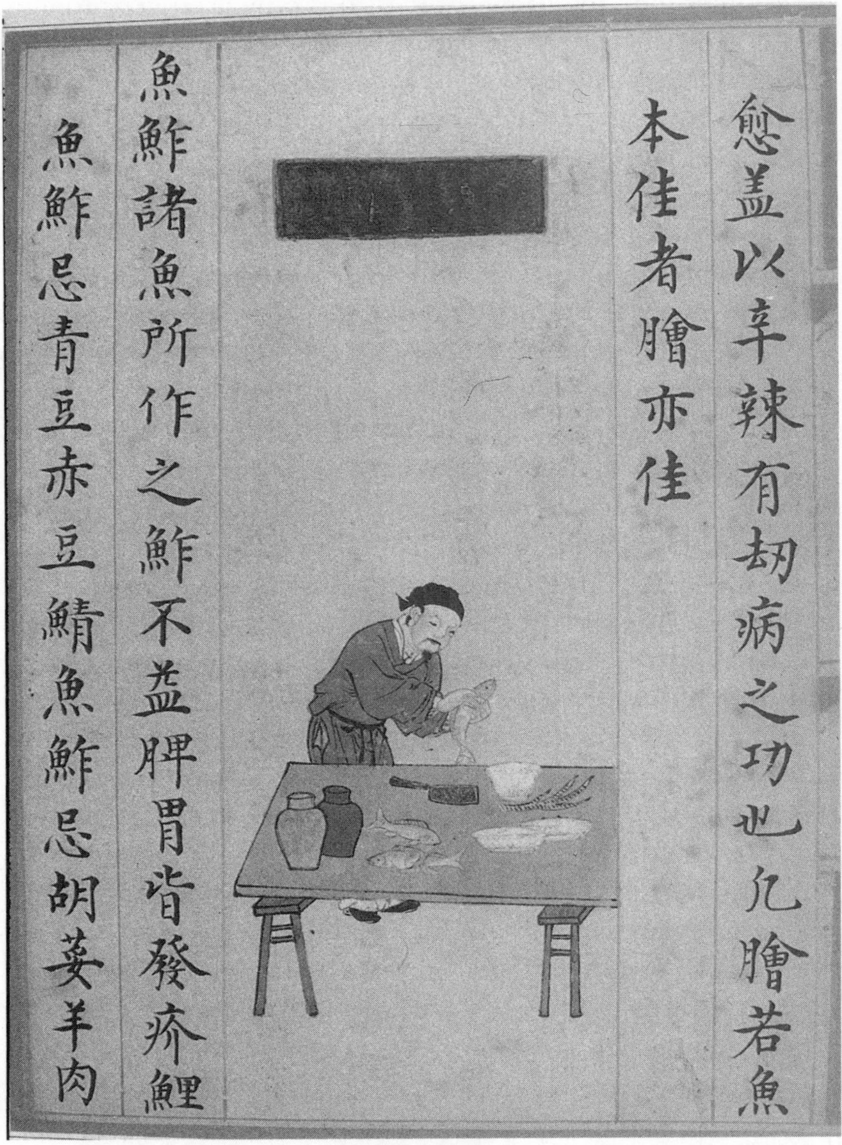

Ilustración de pescado salado (*yuzha*) de *Shiwu bencao* (*Materia dietética*), un herbario dietético en cuatro volúmenes que datan del período Ming (1368-1644). Crédito: Wellcome Collection. CC BY 4.0.

habitantes de la zona que, cuando gran parte de ellos fueron expulsados por los españoles y quedaron abocados a vivir de la delincuencia, se transformaron en piratas que mantuvieron, de forma genérica, el nombre de su antiguo oficio: bucaneros.

Pero el protagonismo de la química en la conservación de alimentos no se limitó a la sal, la miel o los ahumados, sino que pronto se extendió a los materiales con los que estaban hechos los recipientes que los contenían. En concreto, nuestros antepasados se dieron cuenta de que cuando los alimentos se guardaban o cocinaban en recipientes metálicos de cobre, en lugar de utilizar el barro o la madera, la comida parecía conservarse más tiempo. Naturalmente, desconocían que, al igual que sucede con la sal, el secreto del cobre reside en su toxicidad para los microorganismos, lo que dificulta que los alimentos se estropeen (en el caso de los alimentos en salazón, la alta concentración de sal destruye las membranas de cualquier bacteria u hongo que se acerque, mientras que los iones de cobre interfieren con varios sistemas enzimáticos de los microorganismos).

Algo parecido sucede con el alcohol[58], un excelente desinfectante conocido desde la Antigüedad a través de las bebidas fermentadas, aunque no fue hasta que los árabes inventaron el alambique, allá por el siglo IX, cuando nuestros antepasados europeos consiguieron destilar el etanol.[59] Las primeras evidencias de destilación en Europa son ya del siglo XII y proceden de la Escuela de Salerno, en Italia, aunque el método pronto se extendió por el resto del continente. Curiosamente, las primeras aplicaciones de esta sustancia, denominada como *aqua ardens* o *aqua vitae* según el grado

58 La palabra *alcohol* procede del vocablo árabe *Al Kohl*, que designaba al producto de la destilación del vino por analogía con el sistema de obtención del *Kohl*, un tipo de maquillaje de origen mineral y color negro que todavía se utiliza hoy en día.

59 El alcohol también comenzó a ser destilado en China en fechas parecidas, aunque ciertos indicios apuntan hacia una época anterior.

La carne ahumada es originaria de Europa central.

de alcohol obtenido, fueron principalmente medicinales, tal y como atestiguan los escritos de la época.

Aunque muchos países se atribuyen la responsabilidad de haber sido la cuna de las bebidas destiladas, como si semejante cosa fuese digna de encomio, la tradición occidental atribuye en ocasiones al aragonés Arnau de Vilanova y al catalán Ramón Llull el origen de la destilación del alcohol con fines de consumo, a finales del siglo XIII o en los albores del siglo XIV. En concreto, y aunque con el tiempo se ha discutido la autoría de muchas de las obras que se le atribuyen, de Vilanova habría conseguido destilar etanol prácticamente puro, habiendo sido, asimismo, el primero en publicar en Occidente un tratado detallado acerca de la destilación del vino. Por su parte, Llull, o quizá alguien que escribía bajo su nombre (el llamado «pseudo-Llull») y que andaba buscando el famoso «elixir» de los alquimistas, habría sido pionero en fomentar la utilización del *aqua ardens* para la preparación de bebidas alcohólicas de alta graduación.

Por supuesto, tal y como ya hemos comentado, tanto el vino como la cerveza y otras bebidas con contenido alcohólico eran conocidos desde tiempo inmemorial, pero se trataba de bebidas fermentadas, por lo general con un contenido de alcohol relativamente bajo, raramente superior al 15%. Ocasionalmente, se venían también destilado bebidas fermentadas procedentes de cereales, frutas, leche o miel, pero siempre con carácter limitado y sin un conocimiento adecuado del papel del alcohol. Sin embargo, como consecuencia de la publicación y difusión de los primeros tratados sobre el tema, a finales de la Edad Media se comenzó a utilizar la destilación en gran escala para obtener bebidas impregnadas de *aqua vitae.*

Como el alcohol era muy volátil, los alquimistas medievales lo incluían dentro de la lista de los vapores y las sustancias gaseosas que ellos consideraban como una suerte de «espíritus» encerrados en la materia. Por este motivo, a las bebidas mezcladas con *aqua vitae* se las pasó a llamar «bebidas espirituosas». En España pronto se popularizó la voz «aguar-

Grabado de dos alquimistas destilando alcohol.
Crédito: Wellcome Collection. CC BY 4.0.

diente» para referirse de forma genérica a cualquier bebida destilada. En la misma línea, en las islas británicas, la expresión *aqua vitae* fue traducida al gaélico *usquebaugh*, que fonéticamente se convirtió en *usky* y después en el inglés *whisky*. En la Europa continental, la expresión holandesa *brandewijn*, que significa «vino quemado», pasó a convertirse en *brandy* y en Rusia, a partir del siglo XVII, al compuesto de etanol y agua comenzó a llamársele *vodca*, que significa «agüita» (manda narices). Como vemos, a fin de cuentas, no es tan raro que en España haya tantos bares, dado que es muy probable que la industria de bebidas de alta graduación la inventásemos nosotros.

Sin embargo, y a pesar de tantos esfuerzos, a mediados del siglo XVIII la conservación de los alimentos a largo plazo se había convertido en un verdadero quebradero de cabeza, sobre todo para colectivos como el Ejército o la Marina, cuyos largos desplazamientos a menudo duraban meses, o incluso años. Tuvo que ser un confitero, el francés Nicolás Appert, al que en 1795 se le ocurriese meter los alimentos en un tarro de cristal herméticamente cerrado y después proceder a hervirlo. El por qué se le ocurrió semejante maniobra en una época en la que aún no se había puesto de manifiesto el papel de los microorganismos dice mucho de su extraordinaria intuición, aunque puede que su experiencia en cocciones y manipulaciones varias le pusiese sobre la pista correcta. De cualquier forma, la cosa funcionó, hasta el punto de que el avispado confitero montó su propia fábrica y comenzó a venderle frascos a la Marina francesa. Los alimentos así preservados se mantenían en perfecto estado, manteniendo al mismo tiempo todo su sabor, lo que le acarreó a Appert un premio de doce mil francos —una fortuna para la época— y el reconocimiento eterno del Gobierno de Napoleón.

Sin embargo, y a pesar de todo, los frascos de cristal no terminaban de ser prácticos, así que al ingeniero e inventor Philippe de Girard se le ocurrió que una lámina de acero recubierta de estaño sería mucho más resistente, barata y sencilla de transportar. De este modo nació la célebre hojalata, que a partir de 1811 empezó a ser fabricada en masa. De repente, alimentos que apenas duraban semanas eran ahora comestibles durante años, una auténtica revolución que con el tiempo permitió a la gente más humilde almacenar comida para resistir los largos inviernos sin demasiados problemas.

LA SÍNTESIS MILAGROSA Y EL CASO DEL DDT

Una vez modificados los alimentos con el calor y protegidos con el cobre, la sal o las latas esterilizadas, el problema de los humanos no era otro que intentar aumentar la producción de comida, lo que, al margen de buscar las mejores tierras de cultivo con un buen suministro de minerales y de agua (otra vez la química de por medio), a largo plazo obligó al uso de fertilizantes, es decir, de sustancias que de alguna manera fomentasen el crecimiento y reproducción de las plantas. Una vez conseguido esto, el aumento de la cosecha no solo tenía como consecuencia un mayor suministro de grano para el consumo humano, sino también más alimentos para la ganadería, lo que a su vez mejoraba la alimentación de la gente, que por primera vez en la historia tenía acceso a proteínas de origen animal de gran calidad obtenidas sin demasiado esfuerzo (léase: sin tener que arriesgar el pellejo cazando).

El primer fertilizante de la historia fue sin duda el estiércol, un subproducto de la digestión de los animales que no servía para otra cosa y que, sin embargo, tenía un considerable efecto sobre la producción agrícola. La costumbre de abonar los campos con excrementos se extendió por todo el planeta durante milenios, pero el aumento de población que se produjo en los últimos siglos puso de manifiesto que el suministro de «abono natural» era claramente insuficiente. De modo que los paladines de la química se pusieron manos a la obra para solucionar el asunto. Los avances de la ciencia y el estudio sistemático de los problemas que aquejaban a la agricultura pronto desvelaron que los dos elementos químicos clave para potenciar los cultivos no eran otros que el fósforo y el nitrógeno. A las plantas, a diferencia de lo que sucede con los humanos y con muchos otros animales, no les hace falta ingerir aminoácidos ni vitaminas, ya que ellas mismas producen todas las moléculas orgánicas que necesitan. Sin embargo, precisan de un suministro continuo de un puñado de elementos químicos que les son totalmente imprescindibles para la construcción de sus estructuras biológicas. De entre estos elementos, los dos mencionados son los más relevantes, de lejos. Tanto es así, que a lo largo de la historia la abundancia o escasez relativas de fósforo y de nitrógeno en los diferentes tipos de suelo ha sido, junto a la de agua, el elemento determinante en la producción agrícola.

Sacos de fertilizantes.

Granjero portando sacos de fertilizantes. Texas, 1939.

Pero el gran problema del suministro de fósforo y de nitrógeno a una planta (también de potasio y otros nutrientes que le son esenciales), es que la única forma que esta tiene de absorberlos es estando disueltos en el líquido elemento, es decir, fundamentalmente en forma de sales. El nitrógeno gaseoso, por ejemplo, es muy abundante en la atmósfera, pero los vegetales no pueden hacerse con él tal y como hacen con el dióxido de carbono que les sirve de alimento, por lo que necesitan de la contribución de ciertas bacterias para transformarlo en amoníaco, una molécula que sí son capaces de absorber. El nitrógeno gaseoso, por tanto, resulta completamente inútil como abono. Es preciso transformarlo en otro tipo de compuesto, por ejemplo, un nitrato, para que la planta pueda aprovecharlo, y lo mismo sucede con el fósforo.

En el siglo XIX, la búsqueda de fertilizantes que contuviesen fosfatos y nitratos capaces de sustituir al clásico estiércol llevó al mundo a echarse primero en brazos del guano y, después, del nitrato de Chile. Durante mucho tiempo, la mejor alternativa estuvo en el guano, una sustancia que resulta de la acumulación de excrementos de animales como los murciélagos, las aves marinas o las focas en ambientes secos. Como abono, es una auténtica maravilla, pues está repleto de compuestos de nitrógeno (urea, oxalato amónico), fósforo (fosfatos) y otras sales minerales. Los depósitos de guano se encuentran principalmente en ciertas islas del Pacífico Meridional, sobre todo de Perú y de Nauru, así como de otros océanos, en las que las colonias de aves marinas han ido dejando a lo largo de siglos auténticas montañas de este magnífico fertilizante.

Cuando los europeos se dieron cuenta del potencial que tenía el guano para fortalecer las cosechas, se lanzaron a la caza y captura de un comercio que prometía ser de lo más lucrativo. Así, a partir de 1845 las «montañas de caca de pájaro» fueron objeto de una explotación sistemática que inundó del nuevo abono los mercados de Gran Bretaña y Estados Unidos. El Gobierno de este último país, en particular, llegó a aprobar la llamada Guano Islands Act, una norma bajo cuyo amparo cualquier ciudadano podía apropiarse de una isla desierta que contase con cantidades apreciables de guano, en tanto en cuanto no perteneciese ya a algún país extranjero[60].

Anuncio de nitrato de Chile en la fachada de una casa de la provincia de Burgos (España). Crédito: David Pérez (DPC), Wikimedia Commons.

La siguiente fuente de fertilizante en ser explotada no fue otra que los depósitos de nitratos, de los que el célebre nitrato de Chile es el ejemplo paradigmático. Durante la segunda mitad del siglo XIX, el descubrimiento de exten-

60 A día de hoy, los americanos todavía conservan doce de estas islas.

sos yacimientos de salitre (una mezcla de nitrato de potasio y nitrato de sodio) en el desierto de Atacama desencadenó una auténtica fiebre por hacerse con el nuevo y mágico abono. Según la leyenda, el descubrimiento tuvo lugar cuando dos indígenas que hacían una fogata vieron sorprendidos cómo empezaba a quemarse la tierra, literalmente atiborrada de los ambicionados nitratos. Tanto los Gobiernos de la zona como importantes compañías europeas y norteamericanas intentaron hacerse con el monopolio del precioso fertilizante, lo que tuvo como resultado un sinfín de tensiones y hasta el estallido de una guerra (guerra del Pacífico), de la que Chile salió como la parte mejor parada.

Pero nada parecía ser suficiente para los hambrientos estómagos de una población en constante crecimiento, ávida de un incremento en la producción agrícola que los limitados recursos naturales disponibles no podían satisfacer. Y entonces llegó Haber. Nuestro viejo conocido y controvertido paladín de la guerra química, ha sido muy posiblemente el químico más influyente en el devenir de la historia, para bien y para mal. Como asesino metódico, es probable que haya contribuido a matar más gente que todos los demás químicos juntos, pero, por extraño que pueda parecer, quizás haya sido también uno de los máximos responsables —si no el máximo— del explosivo crecimiento de la población que ha tenido lugar a lo largo del siglo XX.

En efecto, mucho antes de comenzar sus crueles devaneos armamentísticos, el paradójico químico germano se mostró muy interesado por los fertilizantes, y en concreto por encontrar un método que permitiese a su querido Imperio alemán el librarse de tener que importar el guano o el carísimo nitrato de Chile. Naturalmente, Haber no fue el primero en preocuparse por esto, pero de un modo u otro todos los intentos de los químicos de finales del siglo XIX y principios del XX por dar con este santo grial de la química habían fracasado. El problema de base era, de hecho, el mismo que afrontan las plantas: cómo encontrar un método eficiente para fijar el nitrógeno en el suelo de forma que pueda absorberse. A Haber le costó varios años dar con la tecla, pero sus conocimientos acerca de los catalizadores y de la química a elevadas presiones le permitieron publicar en 1909 un revolucionario método mediante el cual era capaz de combinar hidrógeno con nitrógeno para producir grandes cantidades de amoniaco, un compuesto que al oxidarse se transforma en los ansiados nitratos.

El interés que despertó el método de Haber fue tal que, apenas un año después, la compañía BASF, y en concreto el químico Carl Bosch, desarrollaron la forma de industrializar el método, provocando un cataclismo en la agricultura. La consecuencia inmediata de la introducción del nuevo proceso Haber-Bosch fue que el Imperio del káiser fue capaz de mantener la producción de munición durante la Gran Guerra, una actividad que requería cantidades ingentes de nitratos, a pesar del bloqueo británico que impedía el suministro de nitrato de Chile a Alemania. Haber y Bosch recibieron el Premio Nobel en 1918 y 1931, respectivamente, y a partir de los años veinte cambiaron por completo la historia de la humanidad.

Las cifras son mareantes. Desde principios del siglo XX, la población mundial ha pasado de los mil seiscientos millones a los más de siete mil con que contamos ahora, y gran parte del mérito lo tiene el proceso de Haber-Bosch. A través de él, a día de hoy se producen más de cuatrocientos cincuenta millones de toneladas de fertilizantes nitrogenados, y se calcula que la mitad del nitrógeno que se encuentra en un cuerpo humano procede del milagroso método inventado por el atormentado químico alemán, un proceso que consume poco menos que el 10% de todo el suministro de energía global. Si el rendimiento de las cosechas siguiese al nivel de 1900, se requeriría cuatro veces la cantidad de tierra cultivada en la actualidad para mantener una producción similar, lo que supondría que la mitad de las tierras emergidas tendría que estar siendo explotada, algo a todas luces imposible. Se calcula que cerca de un tercio de la humanidad se alimenta directamente a través de esta sensacional forma de fijar el nitrógeno. Para Haber, el químico de las dos caras, tal vez sea un consuelo póstumo el comprobar que, después de todo, sus habilidades han contribuido a mantener más vidas que aquellas que su fervor nacionalista contribuyese a segar.

Claro está que, a pesar del extraordinario éxito del proceso de Haber para solucionar la siempre creciente hambre de alimentos de nuestro mundo, el uso masivo de fertilizantes para la agricultura no está libre de problemas. Por ejemplo, un exceso de nitratos puede contaminar el agua potable, y la llegada del contenido de los abonos a la capa freática o a los cursos de agua puede provocar un serio problema ambiental. Ello es así porque, tal y como hemos visto, la acumulación de nitratos disueltos en agua forma una sopa muy del gusto de organismos tales como las algas y las bacterias, que al consumir el nitrógeno acaban con el oxígeno disponible e impiden que otros seres vivos puedan aprovecharse de él. Este proceso, conocido como eutrofización, acaba con la diversidad biológica de los ríos y los lagos, y constituye un grave inconveniente de difícil solución. Además, la fertilización artificial y generalizada del suelo es en nuestros días de tal magnitud que altera el ciclo global del nitrógeno, con consecuencias que todavía no comprendemos bien.

Ahora bien, un planeta hambriento no solo requiere que se aumente la producción de alimentos, fundamentalmente a través de las cosechas, sino también que se proteja a estas últimas de la multitud de comensales diferentes de los humanos que intentan alimentarse con ellas, una labor para la que están especialmente dotados los pesticidas.

En el fondo, un pesticida no es más que un veneno, diseñado específicamente para atacar a aquellos organismos que pueden dañar nuestra agricultura. Esto ya en sí mismo es un problema, porque el número de posibles visitantes incómodos en los campos de cultivo es bastante grande y variado, incluyendo desde insectos y gusanos hasta malas hierbas y microbios, pasando por hongos, pájaros, mamíferos y hasta moluscos. Cada una de estas plagas tiene sus propias características, por lo que un plaguicida eficaz tiene que adaptarse bien a su objetivo. Por este motivo, debe hablarse de «categorías de pesticidas», ya sean herbicidas, insecticidas, etc.

Hombres del Ejército de los Estados Unidos cargando un avión de DDT para rociarlo contra la malaria en ciertas zonas infestadas de Corea, en 1951. National Museum of Health and Medicine, Otis Historical Archives.

381742

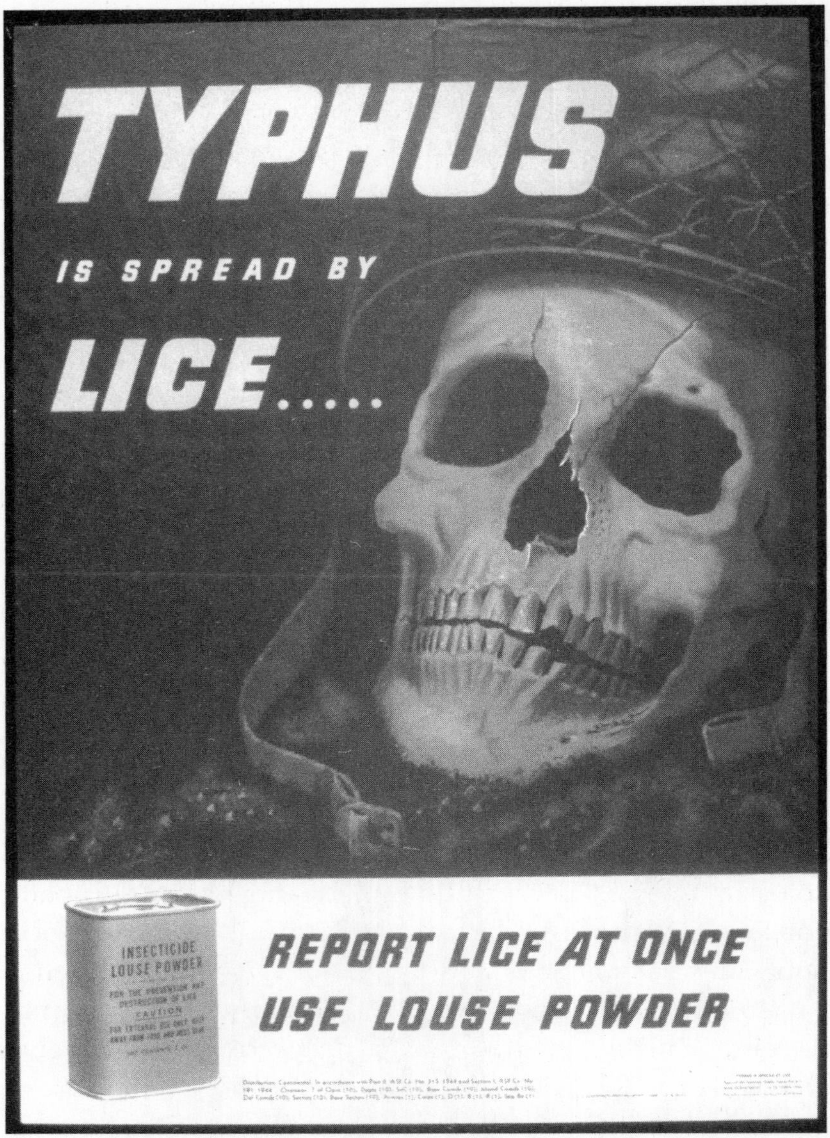

«El tifus se propaga por los piojos... elimine los piojos de una vez, use polvo de piojos». Campaña de uso de DDT durante la Segunda Guerra Mundial. National Museum of Health and Medicine, Otis Historical Archives.

Como sucede con los abonos, la historia de los esfuerzos de la humanidad para acabar con las plagas que acaban con nuestros alimentos es tan antigua como la agricultura, estando documentado que ya los griegos y los romanos quemaban azufre para proteger sus cosechas de los insectos. Sin embargo, y como casi todo en cuanto lo que se refiere a la química, los verdaderos avances en materia de pesticidas no se produjeron hasta bien entrado el siglo XIX, cuando el rápido desarrollo de la disciplina empezó a entregar nuevos productos de gran utilidad. Y entre todos ellos, quizás el más célebre haya sido el poderoso y controvertido DDT (diclorodifeniltricloroetano).

Aunque fue sintetizado por primera vez en 1874, la historia del DDT comienza realmente en 1939, cuando el químico Paul Müller (1899-1965), de la farmacéutica Geigy, andaba buscando un producto que fuese más eficaz que la naftalina[61] para proteger la ropa de las polillas. Para ello, el metódico Müller exponía grupos de insectos a la acción de diversas sustancias, ganándose el poco agraciado apodo de «la mosca Müller». Tras un sinfín de pruebas, en una ocasión lo intentó con el DDT, y todas las polillas acabaron muertas. A continuación, probó con otros insectos, y resultó que el nuevo insecticida era fabulosamente eficaz contra todos ellos. Dentro de un insecto, las moléculas de DDT alteran los canales de sodio que controlan el impulso nervioso, causándole la muerte. El Ejército norteamericano, muy preocupado por los problemas que la malaria, el tifus y el dengue ocasionaban a sus soldados, sobre todo en el Pacífico, comenzó a utilizar el DDT con resultados sensacionales. En algunas zonas de Europa, el tifus quedó, de hecho, prácticamente erradicado.

A partir de 1945, el nuevo y milagroso insecticida comenzó a ser usado con profusión un poco por todas partes, tanto

61 La naftalina (naftaleno) fue extraída a partir de la década de 1820 a partir del alquitrán de hulla, y al igual que ahora, era muy utilizada para ahuyentar a las polillas.

para combatir a los insectos que transmitían enfermedades como a los que amenazaban los cultivos. Su éxito fue fulminante. Los vectores de graves dolencias como la peste, la malaria y la fiebre amarilla quedaron en muchas zonas del planeta prácticamente aniquilados. La malaria, por ejemplo, fue completamente erradicada de Europa y en algunos países tropicales, como Sri-Lanka, el número de casos se redujo en millones. En agricultura, el rendimiento de muchas cosechas se multiplicó gracias a que el DDT las dejaba prácticamente libre de plagas.

Pero ¡ay!, el ser humano no se caracteriza precisamente por su prudencia y, al igual que sucedió con los antibióticos, el descontrol en el uso del potente insecticida no tardó en generar problemas. Aunque en principio no es tóxico para los seres humanos (a pesar de las sospechas de que la exposición crónica al DDT aumenta el riesgo de determinados cánceres, esto nunca ha podido demostrarse) sí que lo es para algunos animales, y tiene el inconveniente de que dura mucho en el medio ambiente, por lo que termina acumulándose en la cadena trófica. Además, su abuso terminó por generar resistencias entre los insectos, de manera que su eficacia con el tiempo disminuyó.

En un famoso *best seller* (*Primavera silenciosa*) escrito en 1962 por la naturalista y escritora norteamericana Rachel Carson, se alertaba al mundo de que la destrucción indiscriminada de enormes poblaciones de insectos (el DDT mataba tanto a los responsables de las plagas como a los otros) tendría también efectos devastadores sobre las aves y, en general, sobre el medio ambiente. Como consecuencia de esta y otras polémicas, el Gobierno de Estados Unidos prohibió el uso del famoso insecticida para la mayoría de sus aplicaciones, una decisión a la que en los años que siguieron se adhirieron muchos otros países. En la actualidad, existe una prohibición global sobre el uso de contaminantes persistentes como el DDT.

Sin embargo, en el caso de este último siempre se ha mantenido cierta polémica acerca de si su prohibición fue la decisión correcta, ya que se calcula que su utilización salvó decenas de millones de vidas a lo largo y ancho del planeta. De hecho, en aquellos países en los que la malaria es endémica el DDT continúa siendo uno de los insecticidas de referencia. En cualquier caso, es muy probable que, al igual que sucedió con las penicilinas, un uso más equilibrado del DDT haya sido una de nuestras grandes oportunidades perdidas en la permanente lucha contra las enfermedades infecciosas y contra las plagas.

Al margen del DDT, en las últimas décadas la química ha puesto a punto gran variedad de pesticidas muy eficaces. Debido a sus efectos secundarios de persistencia en el medio ambiente o de toxicidad, los organoclorados como el DDT o los organofosfatados como el malatión[62] han sido paulatinamente sustituidos por las piretrinas, un grupo de insecticidas biodegradables derivados del *Chrysanthemum cinerariifolium*. Curiosamente, hoy sabemos que el polvo obtenido desmenuzando esta planta ha sido utilizado en China como insecticida desde hace miles de años. En lo que ahora es Irán, las flores de crisantemo machacadas servían para hacer el llamado «polvo persa», un eficaz insecticida casero. También se dice, aunque puede que tan solo se trate de una leyenda urbana, que durante las guerras napoleónicas los soldados franceses usaban crisantemos para repeler las moscas y los piojos.

En cuanto a los herbicidas, nos sirven para que las cosechas crezcan libres de malas hierbas. Los primeros, como el famoso 2,4-D[63], fueron desarrollados por los aliados durante la Segunda Guerra Mundial, y a partir de 1946 contribuyeron a una auténtica revolución en la agricultura. Hoy en día quizá el más utilizado sea el glifosato, que se utiliza junto con semillas genéticamente alteradas para que sean resistentes al mismo, lo que da lugar a cosechas libres de maleza, de alto rendimiento. Aunque es prácticamente inocuo para los humanos, el glifosato es muy criticado por las organizaciones ecologistas por razones difíciles de comprender.

---

62 Para repasar la relación de los insecticidas organofosfatados con los agentes nerviosos, ver el capítulo XX.

63 Ácido 2,4-diclorofenoxiacético.

Norman Ernest Borlaug, padre de la agricultura moderna
y de la revolución verde. Crédito: CIMMYT.

A pesar de su mala fama entre algunos colectivos, los pesticidas y los herbicidas modernos son imprescindibles para una agricultura que sin ellos tendría un nivel de producción incomparablemente inferior[64]. Junto con los fertilizantes nitrogenados y fosfatados, así como con el desarrollo de variedades vegetales más resistentes al clima y a las plagas, su utilización desembocó entre los años sesenta y ochenta del siglo XX en la llamada «Revolución verde», un aumento sin precedentes en la producción agrícola en los países en vías de desarrollo. Aunque la Revolución verde ha sido criticada por promover el cultivo masivo de cereales de alto rendimiento, pero baja calidad nutricional, lo cierto es que ha contribuido en gran medida a erradicar el hambre del planeta.

Ahora bien, cuando hablamos de alimentación no podemos olvidarnos del agua, la sustancia más imprescindible para sostener la vida. El agua no es más que otro compuesto químico, de modo que los adeptos a la quimiofobia tendrían que explicar si también les parece mal beber agua, pero en cualquier caso el acceso al agua potable ha sido y es una de las principales preocupaciones de la humanidad. En efecto, los hombres siempre hemos buscado los cursos de agua dulce y limpia para establecer nuestros asentamientos, y ya en la Antigüedad se construían acueductos y tuberías para asegurar el suministro en ciertos lugares.

Sin embargo, el problema de encontrar agua potable es más arduo de lo que parece. Las aguas estancadas tienden a contaminarse con microorganismos, y muchas aguas subterráneas se ven comprometidas por una excesiva mineralización (recuerden el caso de las aguas arseniosas en

---

64 Los herbicidas de uso agrícola no deben ser confundidos con defoliantes como el agente naranja, un producto específicamente diseñado para la guerra química y muy utilizado por el Ejército de Estados Unidos durante la guerra de Vietnam. Además del inocuo 2,4-D, el agente naranja contiene moléculas mucho más tóxicas, una de las cuales —la dioxina TCDD— ha sido descrita como «quizás la molécula más tóxica jamás sintetizada por el hombre», responsable también del desastre de Seveso, en Italia, en 1976.

Bangladesh), cuando no por los subproductos de la actividad agrícola, minera e industrial. Muchas aguas de manantial, aparentemente limpias y sanas, no son en realidad ni lo uno ni lo otro. En algunos países, como la India, la contaminación del agua por bacterias ha sido responsable a lo largo de la historia de innumerables casos de enfermedades como el cólera, pues tanto este como el tifus y otras infecciones hacen su agosto a partir del consumo de agua contaminada. Y en algunas zonas de África las mujeres han de recorrer muchos kilómetros al día para llegar a una fuente de agua relativamente segura.

Aunque existen diversos tipos de tratamiento para potabilizar el agua, el principal aliado de nuestra especie para garantizar que el líquido elemento no cause problemas no es otro que el cloro, ese elemento químico paradójico que lo mismo sirve para matar gente en forma de fosgeno o de gas mostaza (ver capítulo de «La química beligerante») que para salvar la vida de un niño pequeño proporcionándole agua descontaminada. Aunque en el fondo, en ambos casos el cloro actúa de la misma manera, dañando la materia viva hasta que deja de funcionar. Se trata de un halógeno[65] muy reactivo, que disuelto en agua en forma de sal (hipoclorito) se convierte en un eficacísimo biocida, capaz de matar tanto gérmenes como hongos y algas, de modo que nada sobrevive a su terrible acción. Hoy en día es imprescindible en el tratamiento del agua para hacerla potable, además de ser un recurso sanitario de primer orden en la desinfección de cualquier tipo de instalación.

---

65 Los halógenos, o «hacedores de sal», son un grupo de elementos químicamente muy activos, ya que sus átomos tienen una configuración electrónica cercana a la de un gas noble. Como consecuencia de ello, tienen mucha tendencia a reaccionar, llevándose la palma el flúor, cuyo átomo es el más pequeño. El cloro, el bromo, el iodo y el astato completan el grupo, y su avidez por reaccionar va disminuyendo por ese orden, a medida que el tamaño del átomo aumenta.

TRANSGÉNICOS, ULTRAPROCESADOS, Y EL MITO DE LA ALIMENTACIÓN «NATURAL»

En los últimos tiempos, la bioquímica, esa rama de la química que estudia cómo se comportan las moléculas dentro de un organismo vivo, ha dado un paso más allá a la hora de alimentarnos, mediante el planteamiento de la siguiente pregunta: si los problemas asociados a los cultivos son cosas tales como la resistencia a las plagas o a condiciones ambientales difíciles, ¿por qué no alteramos la bioquímica interna de las plantas con objeto de amoldar su naturaleza para que responda mejor a nuestras necesidades? Así, y respondiendo a esta pregunta, una de las más activas y potentes disciplinas químicas ha comenzado a husmear en las rutas metabólicas que es preciso alterar para que tal o cual cultivo se vuelva más productivo o más resistente a las adversidades, de modo que después se puedan incorporar, modificar o silenciar los genes responsables de semejante comportamiento. Los nuevos organismos modificados genéticamente nos ayudan entonces a alimentarnos mejor. Hay gente que se escandaliza con este trapicheo de genes[66], olvidando que toda la agricultura en sí no es, desde la Revolución neolítica, sino un gigantesco experimento en el que los humanos hemos ido poco a poco seleccionando artificialmente aquellas variedades vegetales que más nos interesaban.

Entonces, si la química y la ciencia en general nos han proporcionado un aluvión de alimentos, ¿por qué mucha gente está a favor de los «alimentos sin químicos» y de que «lo mejor es lo más natural»? En primer lugar, hay que decir

66 Los más controvertidos son los llamados cultivos transgénicos, en los que un vegetal ha sido modificado mediante ingeniería genética para incorporarle genes de otro organismo que producen las características deseadas. Aunque a día de hoy no se ha podido demostrar que tengan ningún efecto negativo sobre la salud, la polémica (incluso legal) subsiste. El maíz o la soja cultivados en muchos lugares del planeta son transgénicos.

que se trata de una postura prácticamente exclusiva de algunos colectivos en los países ricos, en donde hemos olvidado los estragos de no tener suficientes alimentos para comer. En segundo lugar, hay que decir que, como todo en esta vida, hay un trasfondo de verdad a partir del cual se ha exagerado mucho, hasta el punto de convertirlo en toda una moda.

Lo cierto es que, en el mundo desarrollado, la falta de tiempo para cocinar hace que la gente busque la comodidad de comprar alimentos ya preparados. Esto, que en muchos aspectos tiene ventajas, ha terminado por generar una industria de productos «ultraprocesados»[67] cuyo contenido de azúcar y sal es a largo plazo excesivo. Y no es que el azúcar o la sal sean malos, que no lo son (de hecho, la evolución ha desarrollado en nosotros dos sabores específicos para detectarlos), pero nuestro organismo ha evolucionado a lo largo de cientos de miles de años en un entorno en el que a menudo escaseaban, y no se encuentra acostumbrado a absorberlos en grandes cantidades. Así, el excesivo consumo de alimentos ultraprocesados nos perjudica, haciéndonos desarrollar obesidad, diabetes o hipertensión. Por otra parte, algunas modas alimenticias como la de que la grasa de origen animal era mala, muy popular hace unos años, ha hecho que la industria incorpore a los alimentos procesados grasas vegetales parcialmente hidrogenadas[68] que, por des-

67 Los alimentos se clasifican como «procesados» cuando se fabrican añadiéndoles sustancias como la sal, el azúcar o el aceite, que los hacen más duraderos y atractivos. Cuando además no contienen alimentos originales completos, sino que se hacen con sustancias derivadas de ellos, ya procesadas a su vez, se habla de productos «ultraprocesados». Por lo general, resultan cómodos de consumir y muy agradables al paladar, pero muchos estudios sugieren que, si en una dieta sustituyen a los alimentos frescos de forma continuada y relevante, pueden acabar ocasionando problemas de salud a largo plazo.

68 Por lo general, las grasas de origen animal tienen una consistencia más sólida que las vegetales, ya que están constituidas por ácidos grasos saturados (sin dobles ni triples enlaces de carbono). Para conseguir la misma consistencia en las grasas vegetales es preciso hidrogenarlas, es decir, sustituir los dobles y triples enlaces típicos de los aceites por átomos de hidrógeno.

gracia, durante el proceso que experimentan adoptan una configuración espacial distinta («trans»), que resulta perjudicial para el organismo.

Estos y otros hechos incuestionables han contribuido a extender la idea de que lo mejor es que los alimentos estén libres de químicos, lo cual no solo es un contrasentido, ya que los alimentos no son a fin de cuentas más que pura química, sino que, como hemos visto, la incorporación de productos como los fertilizantes y conservantes es lo único que garantiza un cierto futuro para nuestra civilización. Pero como a la industria le da igual lo que tenga que vender, con tal de que gane dinero al venderlo, en los últimos años se pone las botas a base de colocarles a los incautos infinidad de productos, tales como los etiquetados como «eco» y «bio», que la gente se compra pensando que son más sanos, cuando lo único que suelen ser es más caros.

Maíz BT (por *Bacillus thuringiensis*) es un tipo de maíz transgénico que produce una proteína de origen bacteriano, la proteína Cry, que es tóxica para las larvas de insectos barrenadores del tallo, que mueren al comer hojas o tallos de este maíz.

En realidad, las etiquetas mencionadas simplemente responden a unas normativas que regulan los métodos de cultivo y producción, pero que no dicen nada en absoluto en materia de salud. De hecho, gran parte de la publicidad al respecto podría calificarse de engañosa. La «carne ecológica», por ejemplo, se publicita a menudo como libre de hormonas cuando resulta que la «no ecológica» tampoco las contiene (en la UE las hormonas en la carne están prohibidas desde hace décadas). En otras ocasiones se dice que el alimento está libre de transgénicos, como si eso supusiese alguna ventaja para la salud. O se vende pan de molde «100% natural» tratado con microorganismos que producen ácido propiónico y ácido acético, que no son sino dos conservantes usados habitualmente en el pan de molde convencional[69]. De hecho, los productos «eco» o «bio» son exactamente iguales a los convencionales desde el punto de vista nutricional, y en muchas ocasiones es incluso dudoso que resulten «ecológicos» de veras, pues es bastante frecuente encontrar en los supermercados un producto «eco» que ha sido producido en las quimbambas.

La realidad es que, dejando al margen las modas, los conservantes no solo no son perjudiciales (si lo fuesen estarían prohibidos), sino que, por el contrario, son esenciales para que los alimentos no se contaminen con microbios peligrosos. Los nitratos, por ejemplo, impiden que la carne se vea atiborrada de la bacteria que produce la toxina botulínica, algo que, como ya hemos visto en un capítulo anterior, parece una excelente idea. Por otra parte, muchos otros conservantes, como el ácido cítrico, no son más que moléculas presentes de forma natural en muchos alimentos, añadidas artificialmente para mejorar las cosas.

Curiosamente, muchas de las personas partidarias de los alimentos sin conservantes se atiborran de suplementos ali-

69 El truco consiste en que, como los microbios son naturales, puede decirse que los conservantes también lo son, aunque sean indistinguibles de los añadidos.

menticios, que no solo no sirven para nada, sino que pueden ser peligrosos, cuando no directamente una tomadura de pelo. Por ejemplo, los suplementos de colágeno, una proteína muy abundante en el tejido conjuntivo, son anunciados como la panacea para los problemas en la piel y en las articulaciones, cuando resulta que el colágeno, como cualquier otra proteína, se desintegra en el estómago transformándose en aminoácidos sin ningún tipo de utilidad terapéutica más allá de su función alimenticia. Pero, lo que es peor, las sustancias incluidas en los suplementos —estén declaradas en la etiqueta o no, que de todo hay— pueden interaccionar sin control con otros medicamentos, algo que tiene como consecuencia miles de visitas a urgencias todos los años. Después de todo, en el mundo desarrollado, que es el que mayoritariamente consume estos suplementos, prácticamente ya no existen las enfermedades carenciales, porque contamos con una cantidad y variedad de alimentos más que suficiente para cubrir las necesidades de aquellas vitaminas y minerales cuya falta creaba tantos problemas en los tiempos de Eijkmann y de Lind (ver capítulo anterior). Una vez cubierta la cantidad requerida de esas sustancias, el exceso de las mismas no le sirve al organismo para nada, e incluso puede causarle problemas si supera significativamente la cantidad diaria recomendada. Por eso, decir cosas como que los suplementos proporcionan «más energía» o «más vitalidad», es lisa y llanamente engañar a la gente. A pesar de lo cual, los consumidores de estos suplementos, de producción industrial, son los mismos que defienden a menudo una inexistente «alimentación natural».

En resumen, en un momento en que la población dispone de acceso a una cantidad de información sobre sus alimentos completamente inaudita, amplias capas de ciudadanos siguen estando en la inopia, pagando cantidades desorbitadas por alimentos y suplementos que no necesitan, mientras en muchas ocasiones mantienen una dieta que les lleva derechos a la diabetes y a las enfermedades cardiovasculares aun cuando piensan que por consumir productos sin conservantes (cosa que en la mayoría de los casos tampoco es cierta) están comiendo muy bien. Los productos ultraprocesados son muy poco aconsejables, pero también lo son la desinformación interesada y esa absurda manía persecutoria contra la química por parte de los que se han echado en brazos de la moda de «lo natural».

Porque el desarrollo de la agricultura nunca ha estado ni estará exento de errores que, por supuesto, es necesario corregir, pero no tiene sentido mirar hacia atrás, a una época en la que la gente se moría de hambre y el planeta era incapaz de sustentar a menos de la quinta parte de su población actual. Por tanto, les animo a seguir confiando en la ciencia, al menos en lo que a alimentarnos se refiere. No olviden que, a fin de cuentas, tanto su cuerpo como el mío no son otra cosa que química y nada de lo que puedan contarles va a poder cambiar eso. Después de todo, volver a lo natural supondría comer comida contaminada, sucia y poco variada, en un mundo repleto de enfermedades en el que la mayor parte de la gente no pasaba de los cuarenta años de edad. ¿Les apetece volver a esa realidad?

La química que te lo pone fácil

EL METAL EXTRAVAGANTE Y LA AMALGAMA QUE SALVÓ A CARLOS

Uno de los aspectos de la sociedad humana en los que su progreso ha ido siempre de la mano de la química es la economía, y no solamente en cuanto al enorme impacto de la primera en la naturaleza de los bienes y servicios producidos, sino también en los sistemas y métodos de producción, pasando por los instrumentos de intercambio comercial o, en otras palabras, por el dinero.

En efecto, cuando el hombre se topó con metales como el oro, la plata o el cobre, poco a poco se fue dando cuenta de las ventajas que tenían como medio de intercambio en las transacciones comerciales. Los metales eran fáciles de manejar y, sobre todo, muy duraderos, lo que los convertía en idóneos para trapichear, desde luego mucho más que las mercancías perecederas que se intercambiaban habitualmente. Por tanto, parecía muy cómodo el referir el valor de todas estas mercancías a un patrón común, reconocible por todo el mundo y que no se estropease fácilmente.

Aunque hubo algunos intentos anteriores, la introducción de la moneda de cambio se atribuye a los reyes de Lidia —un reino en lo que hoy es la costa occidental de Turquía—, quienes en el siglo VII a. C. comenzaron a acuñar piezas de electro[70] (aleación de oro y plata), así como otras de menor valor con el fin de completar un rudimentario sistema monetario, una práctica que en cuestión de décadas se extendió como la pólvora por todo el Mediterráneo. En el capítulo de los fraudes ya hemos comentado las peripecias de la infinidad de pillos que a lo largo de la historia han intentado defraudar a los Estados colándoles gato por liebre, una práctica que ha continuado con el papel moneda, y ello a pesar de las medidas de seguridad que, tal y como hemos visto, también la química se ha encargado de desarrollar.

El prestigio del oro y de la plata para sustentar la economía de los países a lo largo de la historia ha sido tan grande que imperios enteros, como el español de los siglos XVI y XVII, tuvieron como fundamento la producción de metales preciosos. Curiosamente, hay una anécdota a este respecto que muestra cómo los avances de la química han estado muy a menudo detrás de acontecimientos históricos de gran calado. Es bien sabido que Carlos I de España y V de Alemania, el poderoso emperador que protagonizó gran parte del siglo XVI, pasó toda su vida guerreando contra sus numerosos enemigos, notablemente el rey de Francia, Francisco I; el sultán otomano, Suleimán el Magnífico, y los príncipes electores alemanes. También son célebres sus problemas para financiar estas interminables guerras que llevaron a España al borde de la quiebra a finales de su reinado.

70 El electro es una aleación de oro y de plata en proporciones variables, y los antiguos griegos se referían a él como «oro blanco». Las primeras monedas acuñadas en Lidia tenían alrededor de un 50% de oro. Existe una teoría que sugiere que la introducción de las monedas de electro tuvo por objeto aumentar las ganancias de la corona, sustituyendo el oro que circulaba con anterioridad.

Es menos conocido, sin embargo, cómo la amalgama de mercurio salvó al emperador de un desastre todavía mayor pocos años antes de su fallecimiento.

Hacia 1550, la extracción de plata en las colonias de América, concretamente en el Virreinato de Nueva España, estaba literalmente en las últimas ya que las mejores explotaciones estaban agotadas y muchas de las menas disponibles gozaban de una ley tan escasa que no eran adecuadas para la fundición. La escasez correspondiente en el suministro de plata hacia la metrópoli estaba poniendo contra las cuerdas al emperador, que necesitaba un flujo creciente del mineral procedente del Nuevo Mundo para pagar sus cuantiosas deudas. La situación estaba llegando al límite cuando Bartolomé de Medina, un próspero comerciante sevillano, decidió viajar a América para poner en marcha un procedimiento secreto para extraer la plata que, al parecer, le había transmitido un misterioso artesano alemán.

Como era de esperar, el ansioso emperador mostró de inmediato el máximo interés por el viaje del comerciante quien, tras mucho experimentar, en 1555 dio con el método que llegó a conocerse como «beneficio del patio», en el cual el mineral de plata pulverizado se mezclaba durante semanas con salmuera y mercurio en grandes patios con ayuda de caballos y otros animales. Después, la amalgama resultante se calentaba en hornos que separaban el mercurio de la plata. El éxito del nuevo procedimiento resultó espectacular, extendiéndose su aplicación por todo el virreinato, así como más tarde sobre el Perú. Como resultado de ello, la producción anual de plata en las colonias se disparó, multiplicándose por quince en el transcurso de los siguientes cuarenta años. Como los españoles tenían el cuasi monopolio del mercurio debido a la posesión de las minas de Almadén, que en aquella época producían la práctica totalidad del metal líquido que se obtenía en el planeta, el nuevo método de extracción de la plata permitió a los españoles continuar financiando sus guerras europeas.

Hacienda Nueva de Fresnillo con el cerro de Proaño. En esta ilustración de Pietro Gualdi (1846) se representa la reducción de plata a través del proceso del patio.

Carlos V, que ya estaba viejo, pudo por fin respirar un poco, aunque se vio obligado a transferir el control de la gran mina de cinabrio a los banqueros alemanes Fugger durante algún tiempo ya que, como efecto secundario, y al margen de provocar una inflación monetaria galopante en el continente, la que fuese una de las innovaciones tecnológicas más trascendentales de aquel siglo ocasionó que se disparase la demanda de mercurio. En cualquier caso, el emperador pudo salvar la cara durante algún tiempo, aunque falleció un par de años después dejándole a su hijo Felipe una herencia envenenada, plagada de deudas y donde todos los ingresos previstos de la corona se encontraban comprometidos de antemano. En cuanto al «beneficio del patio», siguió utilizándose durante siglos, contribuyendo a sostener las maltrechas finanzas de la corona mientras mantenía a legiones de trabajadores en régimen de semiesclavitud. A pesar de todos los avances tecnológicos, el procedimiento se ha perpetuado hasta nuestros días, siendo utilizado habitualmente en la Amazonia, con el consiguiente perjuicio para el medio ambiente debido a la toxicidad inherente al mercurio, el elemento químico que salvó a un imperio y permitió a su viejo gobernante seguir pagando sus deudas.

A decir verdad, la presencia de metales y aleaciones metálicas en nuestras vidas ha sido siempre una constante, y no solo en forma de monedas, sino muy principalmente de todo tipo de objetos y herramientas, además de armas. En los tiempos modernos, el papel de los metales ha sido en parte sustituido por los plásticos, que también pueden ser muy resistentes (de hecho, su mayor problema es que, una vez arrojados al medio ambiente, pueden permanecer en él cientos de años sin descomponerse), pero que en cierto modo carecen del encanto de los primeros. Entre los metales, el cobre, el hierro (y su derivado el acero) y el aluminio son los más utilizados, sin olvidar el estaño, que aleado con el cobre da lugar al bronce, un metal que dominó el escenario histórico durante miles de años.

Y el caso es que, con respecto al estaño, hay que decir que es un metal con un comportamiento tan raro que ha dado lugar a extrañas anécdotas. Sucede que este metal, cuando se enfría por debajo de 13,2 °C, cambia su estructura cristalina haciendo que el material engorde, se vuelva frágil y acabe por desmenuzarse en una especie de polvo blanco. Esta curiosa propiedad nunca impidió que en la Antigüedad el estaño fuese un auténtico material estratégico, buscado por todas partes para fabricar el omnipresente bronce —los fenicios se atrevieron a cruzar el estrecho de Gibraltar y llegar hasta las islas Casitéridas (¿Gran Bretaña?)— ni que haya sido utilizado durante milenios para fabricar todo tipo de objetos, desde juguetes hasta latas de conserva, dada la relativamente baja temperatura a la que se funde, así como su resistencia a la corrosión, una propiedad que, como hemos visto, desaparece sin embargo por completo en cuanto hace un poco de frío.

La extraña tendencia de este metal a descomponerse a temperaturas bajas es lo que ha venido a conocerse como la «peste del estaño», y ha ocasionado todo tipo de problemas a lo largo de la historia, alguno de los cuales ha llegado a convertirse en célebre. En ese sentido, entre los más comentados en libros, artículos de divulgación y páginas web, se encuentran los acaecidos al infortunado capitán Scott y a su condenada expedición al Polo Sur de 1912, así como los que supuestamente habrían aquejado al Ejército de Napoleón unos cien años antes, durante la desastrosa campaña de Rusia del invierno de 1812. Ahora bien, ¿sucedieron de verdad ambos incidentes o se trata más bien de leyendas urbanas?

En el caso de la frustrada hazaña del explorador británico, la desafortunada intervención del estaño habría tenido que ver con las soldaduras de las latas que contenían el queroseno que servía para alimentar el motor de dos trineos, además de para calentarse y preparar la comida. En su diario, el capitán Scott revela cómo en el último tramo de su viaje se encontraron con varias latas vacías, algo que durante mucho tiempo ha sido atribuido a que la «peste del estaño» destruyó las soldaduras hechas a base del metal y sometidas a temperaturas de muchos grados bajo cero. Sin embargo, no existen pruebas concluyentes de que esto fuese así. Algunas de las latas supervivientes tienen los sellos intactos y un análisis de las mismas ha mostrado que el combustible no estaba contaminado por el estaño, algo a lo que también se atribuyó en su día el mal comportamiento de los motores. De hecho, las soldaduras podrían no haberse estropeado de forma significativa, ya que el estaño utilizado probablemente no fuese de gran pureza. No obstante, lo relatado en el diario del infortunado explorador deja la puerta abierta a que la corrosión de las soldaduras pudiese haber intervenido de alguna manera en el desastre.

El retiro de Napoleón de Moscú de Adolph Northen.

Por el contrario, caben pocas dudas de que la historia de lo sucedido a la Grande Armeé de Napoleón sea poco más que una leyenda urbana. Aunque es muy posible que los botones de estaño de las guerreras de los soldados franceses se viesen afectados por las inclementes temperaturas del terrible invierno ruso, hay muchas formas de atar, coser o mantener cerrada una prenda de tela, por lo que no parece probable que la fragilidad del estaño fuese demasiado responsable de las congelaciones. No está claro cuál es el origen de este mito, que ha sido repetido hasta la saciedad en las últimas décadas, pero probablemente su veracidad sea similar a la de los relatos que circulan en algunos países nórdicos —de modo particular en Noruega— acerca de cómo los órganos de las iglesias se desmenuzaban literalmente en invierno por culpa de esta peculiaridad. En cualquier caso, es una realidad que la insólita capacidad del estaño para estropearse a bajas temperaturas ha ocasionado tantos problemas que su famosa «peste» ha dañado irremediablemente la imagen de este sorprendente metal, pagado en la Antigüedad a precio de oro y que convive con nosotros a diario en forma de hoja de lata.

LAS ESPADAS IMPOSIBLES, LA FLOTA DE LAS ESTRELLAS Y EL VIDRIO DEL EMPERADOR

En cuanto al hierro, ese poderoso metal que hoy en día domina nuestra civilización, no terminó del todo de imponer su omnipresencia hasta que fuimos capaces de convertirlo en acero, esa aleación de hierro y carbono —de este último nunca mucho más de un 1%— que resulta mucho más tenaz y resistente a la corrosión que el hierro original. No está del todo claro cuándo los humanos descubrimos el secreto del acero, aunque se sabe que los hindúes ya preparaban hierro con carbono en los primeros siglos de nuestra era. Después, los árabes se quedaron con la receta y empezaron a fabricar el famoso «acero de Damasco», de gran dureza y flexibilidad. Más tarde, al acero empezamos a echarle otras cosas, como el cromo, un elemento químico que le proporciona al acero una resistencia incomparable a la corrosión. Es el llamado acero inoxidable, desarrollado a principios del siglo XX y protagonista incontestable de la tecnología en nuestros días.

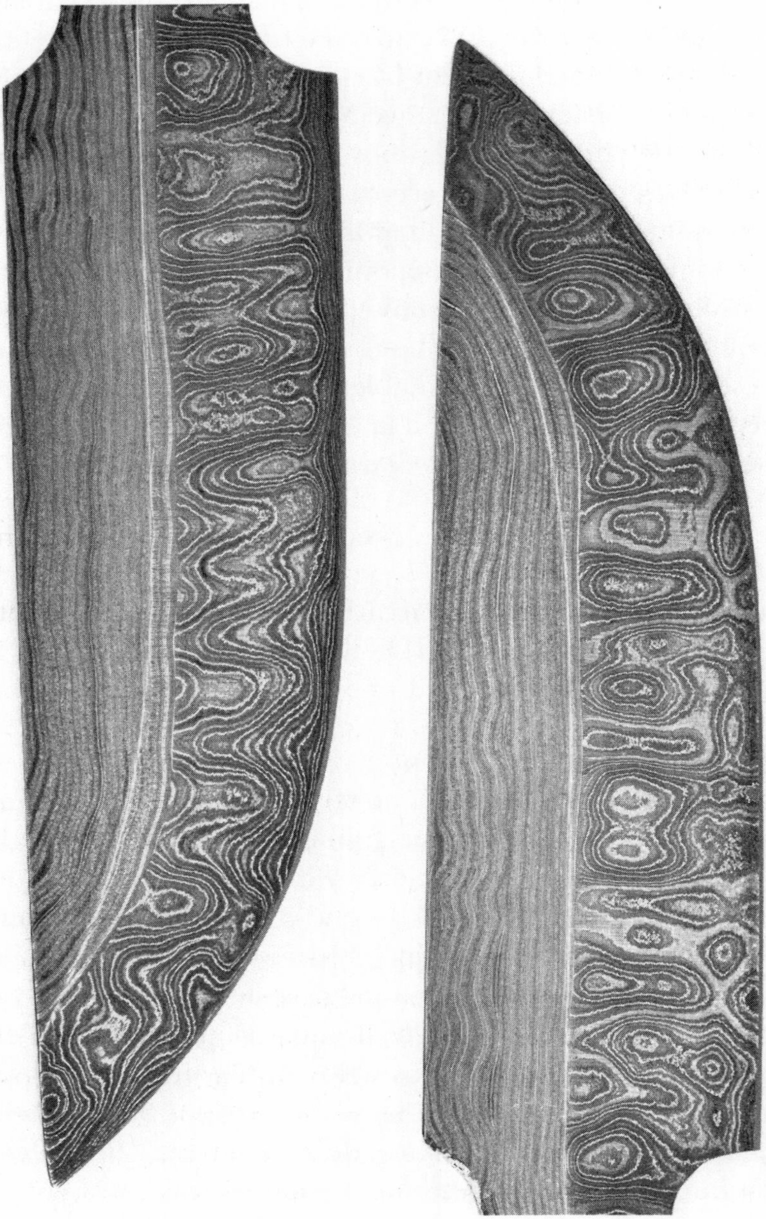

Acero de Damasco.

Y el caso es que tal vez el empleo del cromo como protector frente a la corrosión sea mucho más antiguo de lo que parece. Desde que en 1974 saliese a la luz el fantástico ejército de terracota, cerca de Xi'an, en China, se han escrito ríos de tinta sobre esta auténtica maravilla de la Antigüedad, catalogada como Patrimonio de la Humanidad por la Unesco desde finales de los años ochenta del pasado siglo. Sin embargo, y a pesar de las décadas transcurridas desde el descubrimiento, hay rompecabezas que todavía los científicos no han sido capaces de resolver. Uno de los más enigmáticos es el de las espadas de bronce que forman parte del equipamiento de los guerreros.

¿Qué tienen de enigmáticas unas vulgares espadas de bronce? Pues que, después de más de dos milenios, lejos de estar completamente corroídas y cubiertas de la típica pátina de color verdoso, las espadas de los soldados de terracota están fundamentalmente intactas, conservando tanto su filo como el gris metalizado del metal original. ¿El motivo? La presencia de un revestimiento de óxido de cromo de entre 10 y 15 micrones que ha protegido el bronce a través de los siglos. Si tenemos en cuenta que las propiedades del cromo como aditivo protector contra la corrosión no se descubrieron hasta finales del siglo XIX (el propio elemento no fue identificado como tal hasta 1798), la cuestión de la procedencia del que se encuentra en las célebres espadas no es en absoluto baladí.

Una posible explicación es que el cromo provenga de la contaminación accidental del bronce durante el proceso de forjado. En efecto, algunos investigadores piensan que la fundición del metal pudo llevarse a cabo en presencia o en la cercanía de minerales con un cierto contenido de cromo, cuyos átomos habrían emigrado a la superficie de las espadas en el ambiente reductor de las fraguas. Una vez en su sitio, y como es sabido, el cromo captura todo el oxígeno que entra en contacto con la superficie del metal, formando una capa protectora de óxido. El problema de esta explicación es que no da cuenta de por qué la empuñadura de las armas está corroída. ¿Cómo podrían migrar los átomos de cromo solamente hasta el cuerpo de la espada, eludiendo el mango? ¿Quizás las empuñaduras se forjaron en un ambiente diferente?

Ante estas cuestiones, un sector todavía minoritario de expertos, entre los que se encuentran los propios encargados de cuidar y restaurar al ejército de terracota, opina que tal vez los antiguos metalúrgicos chinos desarrollaron algún tipo de técnica de cromado, al descubrir, puede que por casualidad, que al mezclar ciertos minerales con el bronce los objetos metálicos quedaban protegidos contra la corrosión. Por último, hay quien piensa que el porcentaje de cromo es demasiado bajo como para proporcionar una protección tan efectiva, de modo que el motivo por el que las espadas se han conservado de la forma en que lo han hecho hay que buscarlo en otra parte. ¿Cuál es pues el secreto que se esconde detrás de este misterio? Probablemente aún tardaremos tiempo en saberlo, y es posible que nunca lo averigüemos con certeza. La hipótesis de la contaminación accidental parece factible, pero la ausencia de cromo en las empuñaduras apunta hacia un tratamiento deliberado, algo que de confirmarse implicaría que unos desconocidos pioneros de la metalurgia descubrieron un formidable tratamiento anticorrosión más de dos mil años antes que sus colegas occidentales.

Pero esta no es ni mucho menos la única anécdota curiosa que hay al respecto del acero, un metal tan imprescindible para construir todo tipo de objetos que a veces requiere de un grado de pureza muy especial. Como broche de muestra, déjenme que les cuente una historia que comienza el 21 de noviembre de 1918 cuando, siguiendo las condiciones del armisticio que puso fin a la Primera Guerra Mundial, la Flota de Alta Mar alemana se entregaba en bloque a sus rivales británicos y anclaba en la costa de la isla de May, en las afueras del fiordo de Forth. En total, se rindieron setenta y cuatro naves de guerra, que poco después quedaron internadas en la base de Scapa Flow, en las islas Orcadas.

Pero en la mañana del 21 de junio de 1919, y ante la perspectiva de que los barcos se convirtiesen en propiedad del Gobierno británico o fuesen repartidos entre sus antiguos enemigos, el contraalmirante Ludwig von Reuter ordenó el hundimiento inmediato de toda la escuadra. De este modo, quince acorazados y cruceros de batalla, cinco cruceros y treinta y dos destructores fueron echados a pique. En los años de entreguerras, casi todos los navíos fueron recuperados por motivos fundamentalmente económicos, muchos de ellos por el empresario Ernest Cox, quien se retiró siendo conocido como «el hombre que compró una armada». Sin embargo, los siete pecios que se encontraban en aguas más profundas, los acorazados König, Kronprinz Wilhelm y Markgraf, junto con cuatro cruceros ligeros, nunca fueron reflotados y permanecen en Scapa Flow. En la actualidad, están protegidos bajo el Acta 1979 de áreas arqueológicas y antiguos monumentos, y son una buena fuente de ingresos para la zona debido al interés que despiertan entre los turistas aficionados al buceo.

El hundimiento del SMS Hindenburg, en Scapa Flow (islas Orcadas, Escocia, Reino Unido), 1919.

¿Hundidos para siempre? No. Resulta que los dispositivos sensibles a la radiación, tales como los contadores Geiger y los detectores de radiación que van a bordo de las naves que enviamos fuera de nuestro planeta han de utilizar materiales no contaminados, con objeto de que las lecturas que arrojen sean en todo momento correctas. Pero sucede que TODO el acero producido en nuestro planeta después de 1945, cuando comenzaron las pruebas nucleares, está contaminado con una cierta cantidad de material radiactivo que, aunque resulta insignificante a casi todos los efectos, es suficiente para interferir en el funcionamiento de los delicados instrumentos.

Entonces, a alguien se le ocurrió que en las oscuras aguas del fondeadero de las Orcadas se conservaban miles de toneladas de acero de la mejor calidad, fabricadas en una época en la que las armas nucleares brillaban por su ausencia. Así, todos los años pequeñas cantidades del codiciado metal son extraídas de los fantasmales restos de los barcos y puestas a disposición de la comunidad científica, que gracias a eso ve cómo se reducen sus quebraderos de cabeza a la hora de poner a punto sus instrumentos de alta precisión, esos que sobrevuelan nuestro planeta, se acercan a la luna o a otros cuerpos de nuestro sistema solar. Y así, de esta forma inesperada, el acero del König o del Markgraf anda dando vueltas por el espacio mientras los acorazados a los que pertenece reposan en su tumba líquida de Scapa Flow. Una extraña manera de inmortalizar aquellos navíos cuyo acero ha pasado de surcar los mares en la batalla de Jutlandia a navegar por el firmamento, quizá durante toda la eternidad.

Pero ya hemos hablado bastante de las aleaciones metálicas y sus bondades, así que ahora debemos volver la vista hacia otros materiales a los que la química ha dotado de propiedades prodigiosas, a veces de forma accidental. Es el caso por ejemplo del caucho, un polímero[71] elástico de origen

71 Un polímero es una macromolécula formada por la unión de una o más unidades moleculares simples llamadas monómeros. La celulosa, el ADN o el naylon son ejemplos de polímeros.

natural que se obtiene principalmente de la *Hevea brasiliensis,* y que ve sus propiedades muy alteradas cuando es calentado en presencia de azufre. Lo curioso del caso es que la primera vez que tuvo lugar este proceso, conocido como «vulcanización», fue cuando a Charles Goodyear, un inventor de Boston, se le cayó por accidente un recipiente lleno de azufre y caucho encima de una estufa. El caucho vulcanizado, enormemente resistente al desgaste, es hoy en día un producto esencial de industrias enteras, como la automovilística.

Extracción de caucho.

Por extraño que pueda parecer, lo mismo podría haber sucedido con el vidrio, esa mezcla de arena, carbonato de sodio y caliza que cuando se calienta a alta temperatura se transforma en un hermoso material transparente, aunque quebradizo. El vidrio ya era conocido desde los tiempos de los egipcios, que fabricaban esmaltes vitrificados desde al menos el cuarto milenio antes de Cristo, pero de nuevo fue la adición de otro componente, el boro —al que ya conoci-

John Doubleday con el jarrón de Portland.

mos en su faceta de aspirante a saboteador de las armas atómicas— lo que dio lugar al «vidrio irrompible», otro de los protagonistas de nuestra era. Esto nos lleva hasta los tiempos del emperador romano Tiberio, conocido por su capacidad como comandante, pero también por sus perversiones sexuales y por la dejación de funciones de la que hizo gala a medida que avanzaba su gestión, hasta el punto de retirarse a Capri delegando el Gobierno en personajes como Macro o el detestable Sejano. En palabras de Plinio el Viejo, Tiberio «fue el más triste de los hombres», un oscuro gobernante refugiado en sí mismo que nunca quiso realmente ser emperador.

Quizás la progresiva falta de interés de Tiberio por el buen gobierno y su obsesión por proteger su entorno inmediato puedan explicar su comportamiento en la anécdota que tanto Plinio como Petronio relatan al respecto de un genial artesano que había descubierto la forma de elaborar un vidrio casi irrompible, en la línea del Duralex® moderno. Según ambos escritores, este emprendedor de nombre desconocido estaba tan orgulloso de su invento que las noticias llegaron a la corte del emperador, quien hizo llamarle para que hiciese una demostración. Una vez allí, delante de todos, el artesano dejó caer un hermoso jarrón de cristal que transportaba, sin que el choque con el duro suelo de mármol le ocasionara el menor daño. A los murmullos de asombro de la concurrencia siguió la tranquila pregunta de Tiberio: ¿alguien más conocía el secreto de la elaboración? El orgulloso artesano contestó que no, seguramente buscando el reconocimiento y la gloria, pero el despiadado emperador ordenó su ejecución de inmediato. ¿El motivo? Tiberio contaba con una de las mejores colecciones privadas de cristal de toda Roma, en una época en la que se producían maravillosas obras maestras, tales como el célebre «vaso de Portland». Temeroso de que su colección de quebradizo cristal perdiese todo su valor, el retraído emperador quiso que el artesano se llevase el secreto del vidrio irrompible a la tumba.

A priori, podría parecer que la historia es de dudosa veracidad, sobre todo teniendo en cuenta lo mal que les caía

Tiberio a Plinio y a Petronio. Sin embargo, los detalles que proporcionan ambos historiadores hacen pensar que el artesano, quizá por casualidad, llegó a utilizar arena u otro tipo de sedimentos con un alto contenido de borato sódico, más conocido como bórax, el componente fundamental de los vidrios irrompibles. En efecto, según estos escritores se trataba de un *vitrium flexible* hecho de *martiolum*, un material que para nosotros es desconocido, pero cuyo nombre puede derivarse de Maremma, una región de la Toscana donde había grandes depósitos de bórax. Estos depósitos fueron explotados durante el siglo XIX, dando como resultado que Italia fuese el primer productor mundial de esta sustancia durante más de treinta años. Por tanto, el vidriero pudo haber recogido material que estuviese alrededor de las aguas estancadas o fuentes de vapor de la región y cuya adición al vidrio habría producido el efecto relatado.

Sea cual sea la verdad, el secreto del desdichado artesano murió con él, y el vidrio irrompible desapareció de la faz de la tierra y de la memoria de los hombres durante más de dieciocho siglos, hasta que hacia 1880 fue descubierto (o más bien «redescubierto», si la historia de Tiberio es cierta) por tres alemanes, comenzando a ser comercializado con el nombre de Pyrex. Así, finalmente, resucitó esa sustancia milagrosa resistente a los golpes y a los cambios bruscos de temperatura que un buen día llegase a crear un humilde artesano romano y que el mundo se perdió durante siglos por culpa del carácter amargado de un sombrío emperador celoso de preservar su fortuna.

LOS MITOS DE LA PILA ELÉCTRICA Y EL PLOMO DE THOMAS MIDGLEY

Más allá de los materiales ya mencionados, la química nos ofrece un sinfín de sustancias que nos hacen la vida más fácil en el día a día. Tantos, que podríamos llenar varios libros con muchas de ellas y las anécdotas que las acompañan. Podríamos hablar, por ejemplo, del cemento, ese material de construcción omnipresente, y de cómo los romanos ya conocían una variedad de gran resistencia y duración. O de los tintes sintéticos, el primero de los cuales —la anilina morada o «malva de Perkin»[72]— fue descubierto por William Henry Perkin, cuando tan solo tenía dieciocho años, mientras ayudaba a buscar un método para sintetizar la quinina que se utilizaba en las colonias contra la malaria (un ejemplo de cómo los científicos encuentran a menudo una cosa importante mientras andan buscando otra). Pero para completar nuestro relato quizás lo mejor sea que hablemos de las baterías eléctricas y de los combustibles, ya que además de construir cosas, utilizar herramientas o vestirnos, los humanos necesitamos calentarnos, transportarnos y proveernos de energía.

Empezando por la electricidad, aunque existen muchas anécdotas ligadas a su relación con la química quizá las más pintorescas tengan que ver con el origen de la pila eléctrica. En efecto, y aunque es universalmente conocido que la primera pila fue desarrollada hacia 1800 por el químico y físico italiano Alessandro Volta, empleando discos de cobre y zinc apilados de forma alterna (por eso se llama «pila») y separados por un trozo de tela impregnado en salmuera, en las últimas décadas han aparecido varias hipótesis, más o menos descabelladas, que apuntan a que el descubrimiento podría haber tenido lugar en fechas mucho más tempranas, incluso antes de Jesucristo.

---

72 El color obtenido pudo por fin sustituir al «púrpura de Tiro», obtenido a partir del gasterópodo *Murex brandaris,* un color tan demandado y costoso que el bueno de Perkin ya era millonario con veintiún años.

Pila voltáica. Probablemente hecha y usada por el propio Volta. Esta pila se mostró en la Exposición de Como, Italia, en 1899, conmemorando el trabajo de Galvani y Volta. Crédito: Wellcome Collection. CC BY 4.0.

A este respecto, hay que decir que la cantidad de bulos que circulan por Internet como si se tratase de verdades incuestionables es abrumadora, y quizá una de las áreas donde más se deja notar este hecho es en esa pseudociencia que algunos llaman «arqueología fantástica». ¿Y eso en qué consiste? Pues en inventarse supuestas anomalías históricas que apuntarían a que nuestros antepasados desarrollaron o recibieron de fuentes desconocidas tecnologías extrañamente modernas. Y todo ello con vistas a ilustrar que en el pasado de nuestro planeta habría habido civilizaciones perdidas o visitas extraterrestres que la ciencia «oficial» se empeña en negar. El *modus operandi* habitual de los que difunden estas cosas siempre es el mismo: se busca un indicio supuestamente difícil de explicar, se le saca de contexto, se monta una historia sugestiva y se repite una y otra vez, en la mayoría de los casos simplemente copiando lo que ha dicho algún otro autor. Y, por supuesto, rara vez se comprueban los hechos y se ignoran olímpicamente las pruebas que desacreditan el bulo.

Uno de los casos más flagrantes de un documento completamente falso, pero cuyo texto se repite sistemáticamente en muchos de los libros y páginas web del ramo, es el de la supuesta receta para fabricar baterías eléctricas que se encontraría en un antiquísimo documento de la India, el *Agastya Samhita*. La traducción del pretendido texto en sánscrito que circula por Internet reza como sigue:

> «Colocar una plancha de cobre, bien limpia, en una vasija de barro, cubrirla con sulfato de cobre y, luego, con serrín húmedo. Después de esto, poner una capa de mercurio amalgamado con cinc, encima del serrín húmedo, para evitar la polarización. El contacto producirá una energía conocida por el nombre de *Mitra-Varuna*. El agua se escindirá por la acción de esta corriente en *Pranavayu* y *Undanavayu*. Se dice que una cadena de cien vasijas de este tipo proporciona una fuerza muy activa y eficaz».

Esta traducción u otras muy similares son las que aparecen en casi todas partes, aunque la mayoría de los «copistas» (que simplemente se plagian los unos a los otros) se olvidan de mencionar que el texto procede de un famoso libro escrito en 1971 por Andrew Thomas, *We are not the first*. En su libro, Thomas asegura que personalmente oyó hablar de que este antiguo documento estaba guardado en la Biblioteca de los príncipes indios en Ujjain, e identifica *Mitra-varuna* con «cátodo-ánodo» y *Pranavayu* y *Undanavayu* con hidrógeno y oxígeno, respectivamente.

¿Impresionante, verdad? Sin embargo, los términos claramente «modernos» del texto (polarización, por ejemplo) y el hecho de que el autor «oyese hablar» de un documento, ya dan una pista acerca de que el asunto resulta de lo más sospechoso. Una impresión que se refuerza cuando nos encontramos con una versión muy anterior de la traducción al inglés, en este caso de 1927, atribuida al químico Vaman R. Kokatnur, con un texto idéntico en casi todo, excepto en que en vez de las palabras *Pranavayu* y *Undanavayu* se mencionan los gases *vital* y *up-faced*, que más o menos son la traducción al inglés de las dos anteriores.

Pero Kokatnur, un aficionado al sánscrito empeñado en demostrar que la alquimia la habían inventado los hindúes en lugar de los egipcios, aseguraba haber encontrado el texto en un manuscrito de 1550 que habría sido descubierto en «la librería de un príncipe hindú en 1924, en Ujjain, India», una variante de lo que se dice en *We are not the first*. Por tanto, todo parece indicar que lo descrito por Thomas no es sino una copia algo modificada de las declaraciones de Kokatnur. Pero, buceando un poco más, resulta que estas no son una traducción, sino otra copia modificada de la interpretación, llevada a cabo en 1923 por parte del escritor Shri Parashuram Hari Thatte (un creyente en los platillos volantes en la Antigüedad) de la copia de la copia (sí, dos veces) manuscrita de un supuesto poema del Agastya Samhita encontrado en Ujjain. De modo que, en caso de ser cierta la historia, hablamos de la interpretación de un poema cuyo original no ha visto nadie. Quizá por eso, y aunque hay un buen número de textos de carácter místico-religioso diferentes bautizados bajo el nombre de Agastya Samhita, no existe ninguno cuya traducción moderna se parezca ni remotamente a lo dicho, por no mencionar que todos ellos son del periodo medieval, y no de hace miles de años, como en muchos sitios se asegura.

Por el contrario, un caso mucho más enigmático que ha hecho correr auténticos ríos de tinta es el de la así llamada «pila (o batería) de Bagdad». Para algunos, se trata de una prueba de que la electricidad era mejor conocida en la Antigüedad de lo que se suponía. Para la mayoría, estamos únicamente ante un curioso objeto cuya utilidad real se desconoce, pudiendo ser desde una representación de Shiva a un contenedor de documentos. Ejemplo paradigmático de lo que se ha venido a denominar como «objeto fuera de su tiempo»[73], su estudio no ha dejado a nadie indiferente.

El objeto en cuestión es un pequeño jarrón de barro, de unos 15 cm de altura, que contiene en su interior un cilindro de cobre y una varilla de hierro. La boca del jarrón está unida al cilindro a través de un tapón de brea, y el cilindro está tapado en su base por un disco de cobre con los bordes doblados que sostiene otro tapón bituminoso. La costura del cilindro está soldada con una aleación de estaño. A su vez, la varilla de hierro parece haber estado revestida de una capa de aleación de plomo, y presenta muestras evidentes de corrosión.

El extraño artefacto, datado entre los años 248 a. C. y 226 d. C., cuando el actual Irak formaba parte del reino de los partos, fue examinado en 1957 por el arqueólogo alemán Wilhelm König, quien llamó la atención acerca de que el objeto tenía la apariencia de una pila electrolítica. Años más tarde, Willard F. M. Gray, un ingeniero norteamericano que

---

73 Un «objeto fuera de su tiempo» desafía supuestamente la cronología establecida para el desarrollo de la ciencia y la tecnología. La mayoría de ellos son muy controvertidos, siendo considerados como sujeto de malas interpretaciones por parte de personas con pocos conocimientos científicos, cuando no simplemente como fraudulentos.

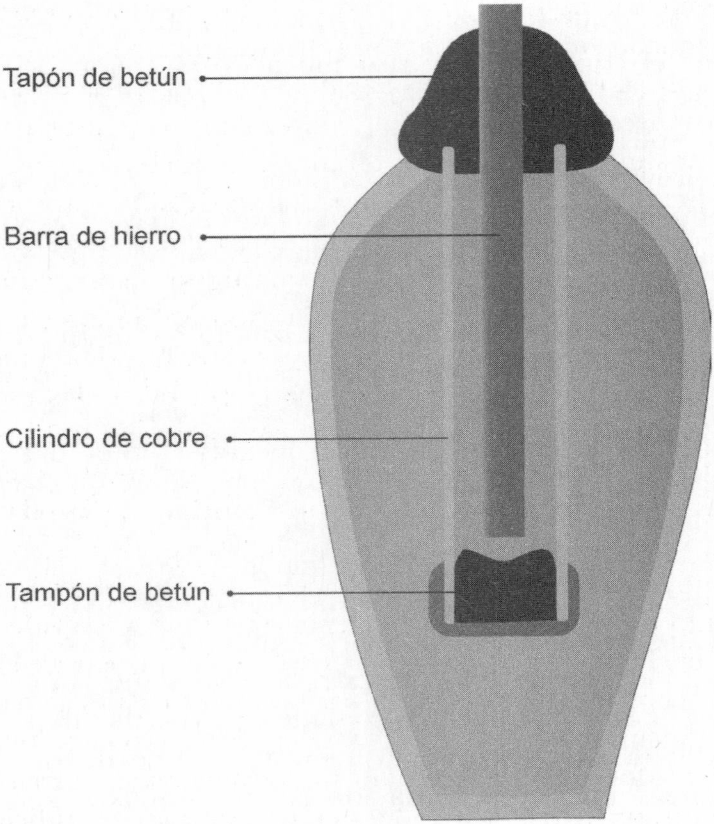

Esquema de una pila de Bagdad.

trabajaba para la General Electric, construyó una réplica de la supuesta pila y experimentó con diversos electrólitos, hasta conseguir que el aparato generase una corriente de unos 0,5 voltios empleando una disolución de sulfato de cobre. Por su parte, el egiptólogo alemán Arne Eggebrecht repitió el experimento en los años 70 utilizando zumo de uva, un electrólito mucho más accesible para los antiguos partos. En esta ocasión, el experimentador obtuvo una corriente de 0,87 V. Otros investigadores han obtenido voltajes cercanos a 1,5 V.

Estos experimentos han levantado una considerable controversia. Por un lado, algunos investigadores sospechan que el proceso de dorado y plateado al que han sido sometidas algunas joyas y otros objetos antiguos encontrados en la región podría haberse llevado a cabo utilizando electrólisis, en lugar de mediante martilleo y posterior calentamiento, por lo menos en algunos casos. Por otra parte, los escépticos argumentan que no hay prueba alguna de lo anterior, y que resultaría tan sorprendente que los antiguos partos hubiesen descubierto y utilizado el principio de la pila eléctrica unos dos mil años antes de Volta que es preciso valorar otras alternativas. De hecho, no se ha encontrado resto alguno del conductor de corriente que hubiese servido para cerrar el circuito, ni tampoco del electrólito original, lo que prácticamente descarta que la vasija haya sido empleada como pila. Además, lo cierto es que muchos dispositivos en donde se utilizan dos metales diferentes son perfectamente capaces de generar una corriente eléctrica en determinadas condiciones, aunque no sea ese en absoluto su propósito. Por lo demás, la escasa potencia del aparato no parece que hubiese permitido obtener buenos resultados en un tratamiento de galvanizado, a no ser que el proceso hubiese durado largo tiempo, en cuyo caso la corrosión del aparato debería haber sido mayor.

Pero si no se utilizaba para la electrólisis, ¿para qué servía semejante objeto? No tenemos respuesta para eso, y es posible que nunca la tengamos. Al igual que muchas otras piezas valiosas, la curiosa «pila» de Bagdad fue robada en el año 2003 durante el saqueo del Museo Nacional de Irak y desde entonces no ha vuelto a aparecer.

Gasolinera de 1936 en Nueva York.

¿Y qué decir de los combustibles? El primero utilizado por nuestra especie no fue otro que la madera, un material omnipresente en la naturaleza e íntimamente relacionado con la experiencia que los humanos tenían del fuego. Más tarde aprendimos a usar el carbón, y después el petróleo, cuya primera destilación la obtuvo el persa Al-Razi en el siglo IX, aunque no se puede hablar propiamente de la industria del petróleo a gran escala hasta bien entrado el siglo XIX. Pero fue a partir de la invención del motor de combustión interna cuando el mundo comenzó a utilizar a destajo la gasolina, uno de los productos derivados del petróleo al que hasta entonces no se le había encontrado utilidad alguna. Durante la primera mitad del siglo XX, el consumo de gasolina no paró de aumentar, permitiendo que de la mano del automóvil la gente se desplazase por el planeta de una forma impensable tan solo unos pocos años atrás.

Sin embargo, la gasolina entonces disponible daba algunos problemas, muy especialmente su tendencia a entrar en combustión a destiempo, con el consiguiente perjuicio para los motores. Fue entonces cuando Thomas Midgley Jr. (1889-1944), un ingeniero norteamericano que trabajaba para la General Motors, desarrolló un aditivo, el tetraetilo de plomo, que terminaba con el problema. El inconveniente era, naturalmente, que el plomo es un metal tóxico, algo que, como ya hemos visto, era bien conocido desde los tiempos del Imperio romano, razón por la cual la industria trató de ocultar convenientemente cualquier mención a que el producto podría resultar ponzoñoso.

Pero el hecho es que lo era. En 1923, Midgley tuvo que cogerse unas vacaciones en Florida afectado de envenenamiento por plomo, algo que también les sucedió a varios trabajadores de las plantas de producción del aditivo. Los rumores empezaban a circular entre la opinión pública, de modo que en octubre de 1924 se organizó una infame rueda de prensa destinada a demostrar la inocuidad del tetraetilo de plomo, en la que Midgley llegó a verter el producto en sus manos y a inhalarlo durante un minuto, asegurando que podría hacer esto a diario sin ningún problema. La gasolina con plomo siguió utilizándose de forma extensiva a lo largo y ancho del planeta, envenenando la atmósfera de las ciudades hasta que a mediados de los años setenta la acumulación de informes acerca de los efectos de las partículas de plomo sobre la salud de los niños y el advenimiento de los convertidores catalíticos terminaron con el problema[74].

Por lo demás, y como es sabido, el consumo de los derivados del petróleo para el transporte tiene fecha de caducidad, en parte porque las existencias se irán reduciendo lentamente y en parte porque los efectos del calentamiento global de la atmósfera, fruto principalmente del aumento de los niveles de dióxido de carbono consecuencia de la combustión en motores y calderas de calefacción, nos están obligando a acelerar la transición energética hacia fuentes renovables.

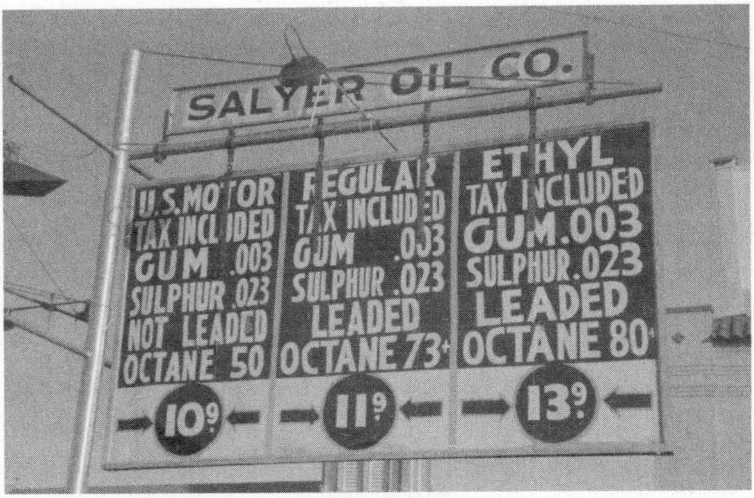

Gasolinera con un cartel donde se muestran los precios y el análisis químico de la gasolina. Oklahoma, 1940.

74 Tras su paso por la industria del automóvil, Midgley se metió en el mundo de la refrigeración y el aire acondicionado, dedicándose a desarrollar los primeros compuestos clorofluorocarbonados. Como quiera que con el tiempo estos también fuesen prohibidos por causa de su efecto sobre la capa de ozono, no es de extrañar que se dijera del químico norteamericano que el historiador John McNeil llegase a decir de él que «tuvo más impacto en la atmósfera que cualquier otro organismo en la historia de la Tierra».

COHETES RENACENTISTAS Y UN OCULTISTA EN EL PROGRAMA ESPACIAL

Pero los derivados del petróleo no son ni mucho menos los únicos combustibles para el transporte que ha desarrollado la química. De hecho, la variedad de estos es muy abundante, e incluye, por ejemplo, los propergoles utilizados en los cohetes para la exploración espacial. Lo cual nos lleva a las dos últimas historias que quiero contarles, por si acaso a lo largo del libro han sacado ustedes la idea de que las personas que se dedican a la química son individuos encerrados en sus laboratorios, con vidas poco interesantes. Nada más lejos de la realidad, como demuestran los casos de Conrad Rudolf Haas (1509-1576), un auténtico genio del Renacimiento, y de Jack Parsons (1914-1952), el ingeniero ocultista detrás de la carrera espacial.

Con respecto al primero, en 1961 el profesor Doru Todericiu, de la Universidad de Bucarest, andaba buceando entre los polvorientos archivos de la ciudad rumana de Sibiu cuando se topó con un voluminoso manuscrito que parecía un compendio de dibujos y datos técnicos relacionados con la artillería. Ante los asombrados ojos del especialista, comenzaron a desfilar todo tipo de maravillosos y temibles artilugios, pero cuando la excitación se tornó en sorpresa fue al comprobar que los diseños mostrados incluían nada menos que la descripción de un cohete por etapas, lo que tratándose de un documento fechado en el siglo XVI resultaba poco menos que increíble.

Una vez descartado el que se tratase de una falsificación, la pregunta inmediata era quién fue el autor de semejante tratado de balística, cuyos detalles se adelantaban en casi un siglo a la primera descripción hasta entonces conocida de ese tipo de cohetes, que procedía de la Polonia de mediados del siglo XVII. La respuesta sirvió para presentar al mundo la figura de Conrad Rudolf Haas, un extraordinario inge-

Descripción de un cohete por Conrad Haas,
el maestro artillero alemán.

niero militar que trabajó para el Ejército imperial austriaco del sacro emperador romano.

Los orígenes de Haas están envueltos en un cierto aire de misterio, ya que, aunque probablemente naciese cerca de Viena, no es segura su nacionalidad (tal vez fuese austríaco, pero también pudo ser transilvano de origen germano). Se sabe que era hijo de una familia acomodada, que a pesar del interés del chico por la alquimia intentó que se hiciese médico. Sin embargo, el joven Conrad se decantó por la carrera militar, sirviendo durante décadas en el Ejército del emperador Fernando I, hermano de Carlos V. En 1551, se trasladó a lo que hoy es Sibiu para hacerse cargo del arsenal de la ciudad, convirtiéndolo rápidamente en uno de los centros de tecnología militar de vanguardia más importantes de la época. Fue allí, trabajando como ingeniero jefe de armamento, donde llevó a cabo muchos experimentos con diversos tipos de misiles y donde se cree que completó el famoso manuscrito.

Escrito en alemán, el impresionante tratado contiene detalles que resultan asombrosos, incluso para el nivel de un gran ingeniero renacentista. Así, sus diseños, centrados en la combinación de las técnicas de los fuegos artificiales con el armamento militar, no solo incluyen los fundamentos de los cohetes de varias fases sino también la descripción de mezclas de carburantes líquidos, de aletas en forma de ala delta y de toberas en forma de campana. La sugerencia de utilizar propelentes basados en compuestos de amonio en lugar de los habituales de salitre fue una genialidad insólita para la época. Sus dibujos de cohetes de varias fases no son en esencia muy distintos del aspecto de un moderno Titán o de un Saturno V, hasta el punto de que puede decirse que Haas se adelantó en cientos de años a las ideas de Robert Goddard, Konstantin Tsiolkovski o Hermann Oberth, por no mencionar más que a algunos de los más destacados pioneros en el campo de la astronáutica.

Algunos de los misiles de Haas fueron utilizados con éxito contra las tropas turcas, por lo que, a pesar de su profesión

Jack Parsons de pie junto al tanque de un cohete en la zona de pruebas del JPL en Arroyo Seco, Los Ángeles, 1943.

y de su pasado como oficial de la guardia imperial, el genial ingeniero puede que dudase del futuro de la humanidad en caso de que se siguieran desarrollando armas de semejante potencia. Quizá por eso escribiese, al final de su extraordinario tratado, las siguientes palabras:

> «Pero mi consejo es más paz y que no haya guerra, dejando los rifles almacenados, de modo que la bala no se dispare, y la pólvora no se queme ni se moje, para que el príncipe conserve su dinero, y el jefe del arsenal su vida; este es el consejo que da Conrad Haas».

Por desgracia, no consta que ni el emperador ni los príncipes de la tierra de los vampiros le hiciesen el más mínimo caso.

Parsons, por su parte, fue un auténtico genio de la propulsión de los cohetes, siendo pionero en el desarrollo tanto de combustibles sólidos como líquidos. Nacido en 1914, tuvo una infancia difícil, pero pronto desarrolló un gran interés por la cohetería. Junto con su amigo Edward Forman, experimentó durante su adolescencia con los combustibles, llegando a mantener correspondencia con los mayores expertos de la época, incluidos Willy Ley y el célebre Werner Von Braun. En 1936, junto con un grupo de graduados del CALTECH, comenzó a desarrollar combustibles en una serie de peligrosos experimentos, lo que les valió el título de «escuadrón suicida». Su proyecto atrajo el interés del Ejército, que en 1939 comenzó a financiarlo porque lo veía útil para facilitar el despegue de los aviones. Tras vencer muchas dificultades, Parsons y sus colegas tuvieron éxito y en 1942 fundaron la compañía Aerojet, que a partir de noviembre de 1943 se convirtió en el célebre Jet Propulsion Laboratory (JPL) de Pasadena.

Sin embargo, esta lumbrera tenía un lado oscuro pues, por increíble que pueda parecer, mientras desarrollaba tecnología de vanguardia se sumergía al mismo tiempo en el ocultismo más profundo. Al parecer, su interés por la materia se despertó durante la adolescencia, pero no fue hasta

Parsons trabajó en el desarrollo del misil Navaho
SM-64 (foto de lanzamiento en 1957).

1939, después de un cierto flirteo con el comunismo, cuando se echó en brazos del Thelema, el movimiento religioso fundado por el siniestro ocultista inglés Aleister Crowley, definido por la prensa como «el hombre más malvado del mundo». El polifacético Parsons creía que la magia podía ser explicada en términos de la física cuántica, y progresó rápidamente en el escalafón de la Agape Lodge, la rama californiana de la Ordo Templi Orientis, hasta convertirse en su líder y mano derecha de Crowley. Parsons, que también había metido a su mujer en el ajo, terminó liándose con su cuñada de 17 años y formando una comuna sectaria, donde las orgías sexuales bañadas en todo tipo de drogas se sucedían noche tras noche.

Las escandalosas actividades de Parsons comenzaron a pasarle factura, con la Policía y el FBI recibiendo denuncias del vecindario por practicar la magia negra, y el Jet Propulsion Laboratory terminó echándolo a la calle. El genial ingeniero fundó entonces otras compañías que también fueron investigadas por el FBI, en este caso por un supuesto delito de espionaje. Mientras tanto, por la comuna empezaron a desfilar todo tipo de personajes, incluyendo a L. Ron Hubbard, el futuro fundador de la Iglesia de la Cienciología, que acabó largándose con el dinero de Parsons y con su cuñada. Durante este periodo, el ingeniero metido a ocultista empezó a perder la cabeza, informando de que en su casa acaecían sucesos paranormales, incluyendo *poltergeists* y apariciones fantasmales, mientras continuaba sus rituales sexuales con otras mujeres. Finalmente, harto de sus correligionarios, vendió sus propiedades y se dio de baja en la orden.

En 1946, Parsons obtuvo un empleo en el programa de misiles Navaho y volvió a casarse, siguiendo con sus actividades ocultistas y trabajando también como experto en explosivos para la Policía y los tribunales. Sin embargo, al comenzar la Guerra Fría sus antiguas simpatías hacia el comunismo y su mala fama le impidieron continuar con su carrera científica en los Estados Unidos. En 1950, decidió emigrar a Israel para trabajar en el programa de cohetes de aquel país, pero fue acusado de espionaje. Finalmente, se dedicó a fabricar explosivos y pirotecnia hasta que murió en 1952, con solo treinta y siete años, por causa de una explosión en su laboratorio. Aunque oficialmente fue un accidente, algunos dicen que se suicidó y otros que lo asesinaron, existiendo incluso una versión que afirma que falleció durante una ceremonia en la que intentaba fabricar un homúnculo. Sus seguidores llegaron a decir que su muerte provocó varias oleadas de ovnis.

Así acabó la increíble historia del que fue una vez definido como «el hombre que más contribuyó a la ciencia de los cohetes», recordado como una de las figuras más emblemáticas de todo el programa espacial. En 1972, y en reconocimiento a sus muchos méritos, la Unión Astronómica Internacional le puso su nombre a un cráter de la cara oculta de la luna. Sin duda, un homenaje muy apropiado para el extraño químico ocultista que fundó el legendario Jet Propulsion Laboratory de Pasadena, ese que se encarga de construir y operar los robots que se pasean por otros planetas.

Bibliografía seleccionada

Aldersey-Williams, Hugh (2013): *La tabla periódica. La curiosa historia de los elementos.* Ariel. Editorial Planeta, S.A. Barcelona.

Asimov, Isaac (2010): *Breve historia de la química.* Alianza Editorial. Madrid.

Carbonneau, Richard; Simon, Robin (2010): *The Marvel: A Biography of Jack Parsons.* Cellar Door. Portland.

Croddy, Eric (2001): *Chemical and Biological Warfare,* Copernicus.

Duckenfield, Mark (2016): *The Monetary History of Gold: A Documentary History, 1660-1999.* Routledge.

Emsley, John (2000): *Moléculas en una exposición.* Ediciones Península, S.A. Barcelona.

Emsley, John (2006): *«Thallium». The Elements of Murder: A History of Poison.* Oxford University Press. Oxford.

Goldacre, Ben (2008): *Bad Science.* Fourth Estate. London.

Gratzer, Walter (2004): *Eurekas y Euforias. Cómo entender la ciencia a través de sus anécdotas.* Crítica, S.L. Barcelona.

Gratzer Walter (2006): *Terrors of the table: the curious history of nutrition.* Oxford University Press. Oxford.

Harvie, David I. (2005): *Deadly Sunshine: The Story and Fatal Legacy of Radium.* Tempus.

Kean, Sam (2011): *La cuchara menguante.* Ariel. Editorial Planeta, S.A. Barcelona.

Kreuger, Frederik H. (2007): *A New Vermeer, Life and Work of Han van Meegeren.* Publishing house Quantes. Rijswijk.

Maaluf, Amin (2012): *Las cruzadas vistas por los árabes.* Alianza Editorial. Madrid.

Manseau, Peter (2017): *The Apparitionists: A Tale of Phantoms, Fraud, Photography, and the Man Who Captured Lincoln's Ghost.* New York: Houghton Mifflin Harcourt.

Öhrström, Lars (2014): *El último alquimista en París.* Crítica. Editorial Planeta, S.A. Barcelona.

Parascandola, John (2012): *King of Poissons: A History of Arsenic.* Potomac books.

Russell, Lee (2004). *Vitaminas.* Ediciones S.

Schneer, Jonathan (2014): *The Balfour Declaration: The Origins of arab-Israeli Conflict.* Macmillan.

Sneader W (2005): *Drug discovery: a history.* John Wiley and Sons. Chichester, England.

Strathern, Paul (2000): *El sueño de Mendeléiev.* Siglo XXI de España Editores, S.A. Madrid.

Esta obra se acabó de imprimir, por encarco de Editorial Guadalmazán, el 26 de marzo de 2019. Tal día del año 1953 el Dr. Jonas Salk descubre la vacuna contra la poliomielitis.